韓國泡菜大師課

노고추 음식공방의 김치 수업

裴明子—著

莫莉——譯

韓國職人傳授

70 年醃漬的美味靈魂和 140 道正宗純天然的

四·季·泡·菜·食·譜

當季食材，
佐以耗時 4～5 年的時間完全去除鹵水的天日鹽，
並運用 70 年的光陰所累積的技藝，
醃製成泡菜。

　　我分別在2013年與2014年出版了《鄉村母親的手藝》、《鄉村母親的泡菜》兩本著作。在那之後我每年在八公山的老古錐食品工房教授醃製泡菜的課程，同時掌管烹飪教室，在這段時間裡遇見了許多對於泡菜與烹飪相當感興趣的學生們。

　　在這課堂上所遇見的學生們，皆是在我生命裡持續發酵的緣分。他們來自全國各地，許多人凌晨出發，趕著夜路來到八公山上課，為了報答他們勤奮向學的態度，我也孜孜不倦地準備課程內容，在與他們一同親手醃製泡菜的過程裡，我的收穫遠遠超過於課堂上所能表述的內容，因此我苦思該用何種方法將這份美好的收穫一併傳達給無法共同上課的學生們，幾經思忖後，我開設了部落格的空間。

　　經營部落格將近十年的時光，所撰寫過的泡菜種類更是不勝枚舉，雖然現在網路世界發達，只要點擊網站即能搜尋到所想尋找的泡菜醃製方法，但我認為，手持一本書，感受紙張的溫度，親筆寫下個人心得或備註，成就一本屬於自己的食譜書不是更有意義的事情嗎？並且對於無法使

用部落格的人而言，相信這本書能進一步了解醃漬泡菜的
方法，因此我開始執筆撰寫這本《韓國泡菜大師課》。

　　這本書不僅是為了認真上課的學生們，更要獻給每日
在廚房裡忙進忙出的人們，希望透過這本書對所有喜愛料
理的人致上謝意，期盼這本書能成為動手醃製泡菜的人，
得以更加有效發揮自身手藝的工具書。

在秋日氣息漸濃的八公山山麓
裴明子

「老古錐」的意思為「古老的錐子」，歷經光陰的錐子並非
會變得銹鈍，而是與共同工作的匠人一同在時光之中鍛鍊與
打磨，淬礪成更加尖銳的模樣，這與老古錐食品工房所追求
的匠人精神一脈相承。以當季的新鮮食材加上獨門的醃製醬
料，運用多年積累的手藝，用心釀製出深度層次的料理。

目錄

秘密料理的配方

醃製泡菜特別課程

細細入味 秋季泡菜與冬季泡菜

清爽風味 夏季泡菜

醃製須知

醃製泡菜並非難事，只是醃製的過程會出現許多影響泡菜風味的變因。

一、把握材料特性
白菜隨著氣候與品種的不同，鹽漬時間也須隨之調整。白菜若是水分較多鹽漬過久時，鹹味較重。大幅縮短鹽漬時間有可能過於清淡。不僅是白菜，須了解各項材料的特性才能醃製出最可口的泡菜。

二、了解氣候與溫度的變化，調整作法
熟成時間須配合天氣變化進行調整。氣溫高時較快入味，氣溫較低時則反之。必須掌握天氣型態調整冷藏保存與熟成的時間。雖然除此之外仍有許多影響泡菜味道的因素，但醃製泡菜的過程最重要的原則就是對泡菜懷有滿滿的心意與真摯之情，精心製作的泡菜是要讓親愛的家人們共同享用的美味，是整個冬天裡一日三餐會出現在餐桌一隅的重要角色。富含心意所醃製的泡菜，即便出了小差錯，對於家人而言仍是最美味的泡菜。

我苦思該如何制訂測量法，才方便讓讀者照書製作，最後選用廚房最常見的湯匙作為測量依據。液體則是使用測量杯。帶出甜味、鹹味、辣味等材料使用基準是透過課堂經驗，統合出最能被大眾接受的口味而訂定，可以依據個人口味進行調整。

食鹽	1 杯（160g）、1 大匙（15g）	糯米糊	1 杯（200g）
花椒魚露	1 杯（240g）、1 大匙（10g）	梅子醬	1 杯（260g）、1 大匙（10g）
蝦醬	1 杯（200g）、1 大匙（20g）	蒜末	1 杯（200g）、1 大匙（20g）
花椒鰮魚醬	1 杯（220g）、1 大匙（10g）	薑末	1 大匙（10g）
白帶魚醬	1 杯（220g）、1 大匙（6g）	紫蘇籽粉	1 大匙（10g）
辣椒粉	1 杯（100g）、1 大匙（10g）	芝麻	1 大匙（5g）
糯米	1 杯（180g）		

* 本書所使用的食鹽為去除鹵水的天日鹽。
* 含有醃料的醬與純醬料的醬重量不同。

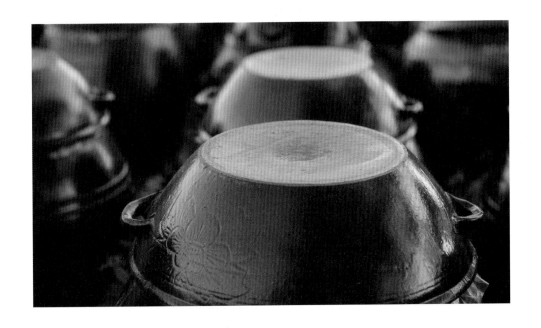

秘密料理的
配方

老古錐食品工房的泡菜，是用當季食材與親手製
作，再將熟成的醬料、去除鹵水的天日鹽放入缸
中，不使用人工砂糖，選用天然的梨子汁或梅子
醬醃製而成。接下來將依循四季更迭，介紹用以
當季的珍貴醬料與旬味食材變幻出的料理秘方。

泡菜老師教授的
秘密材料

　　凡是曾品嘗過老古錐食品工房醃製泡菜的人，必然會對具有層次感又爽
口的滋味感到耳目一新，並滿心好奇醃製秘方。雖然我總回答「只要選用新
鮮食材，精心醃製即可。」但總會望見眾人困惑的神情。臉上流露著「老師
一定有特別的秘方，請趕快告訴我們」的殷切眼神。

　　授課的同時，我發現一件有趣的事情，學生們如此迫切追尋的美味秘方，
原來是花椒魚露和海鮮高湯。使用新鮮鰻魚和花椒葉製作熟成的花椒魚露，
味道淡雅、香醇可口。而昆布、鰻魚乾和香菇所熬煮的海鮮高湯，則是取代
化學調味料，注入一股自然的鮮味。

泡菜靈魂的醬料，花椒魚露

新鮮鰻魚加上花椒葉進行熟成作業，能去除鰻魚的腥味與花椒刺鼻的味道，相互帶出清爽迷人的滋味。趁花椒葉長得最茂盛的四～五月製作花椒魚露。將新鮮鰻魚用食鹽搓揉，拌入花椒葉後放置於缸中，使用韓紙密封甕口熟成一年以上的時間。

花椒

花椒香氣重，只要經過花椒樹即能聞到花椒香氣。多種植於韓國南方山區的低谷地帶。葉子如指甲般大小，一經觸摸即能散發獨特香味。花季為六～七月，開花後結出綠色果實，陸續轉紅，八～九月時果實轉為咖啡色。果實熟成後兩側將結出黑色的籽。採收時將籽拔除，曬乾磨細即可使用。

明亮的辣味與獨特香氣替料理增添亮點，也刺激胃口。花椒嫩葉可用作醃製醬菜，也可以製作煎餅、放入辣魚湯中提味，或醃製泡菜等等。

花椒樹可用於解毒及預防疾病。長期食用花椒可活化血液循環，夏天不易中暑，冬天不易受寒。放入泡菜中不僅能增添香辣滋味，同時是天然防腐劑，可以防止泡菜腐敗。

青花椒

青花椒多產自半山腰的山谷。最近市面上販售的樹苗，能種於自家庭園或花盆。葉綠無香，葉形成鋸齒狀。葉子含毒無法食用，通常於果實成熟前摘下醃漬成醬菜。擁有明亮的辣味與獨特的清香，能在嘴裡留香。青花椒果實可以榨油，用於料理或入藥，佛家料理常作為辛香料。擁有治療消化不良、腹瀉、神經衰弱、咳嗽、驅蟲等功效。

相似卻不同的花椒與青
花椒為不同植物。不過
樹木與葉形相當形似,
肉眼難以區分。

花椒與青花椒的差異

花椒與青花椒的樹木和葉形非常形似,肉眼難以辨別。花
椒樹的葉片成左右對稱,而青花椒樹的葉片則為交錯生
長。花椒樹香氣重,一靠近隨即能察覺,而青花椒樹不會
散發香氣。花椒果實成熟後會轉為咖啡色,青花椒的果實
則會是透出青綠色的咖啡色或暗紅色。

泡菜靈魂的醬料，海鮮高湯

醃製泡菜或烹煮料理時，欲增添天然鮮味會使用海鮮高湯。以昆布、鰻魚、香菇所熬製的海鮮高湯可以取代化學調味料，替料理自然提味。為了烹煮一鍋鮮美的海鮮高湯，需要準備品質優良的昆布、鰻魚、香菇、黃魚、草蝦等食材。

① **烹煮基本湯底**（海鮮高湯，1 杯 180g）

湯鍋放入水 3L 與昆布 50g、鰻魚 50g、乾香菇 50g，開火燉煮，煮滾後熄火冷卻，過濾湯料。

② **熬煮黃魚高湯**

將 600g 的黃魚放入鍋中，倒入 4（720g）杯海鮮高湯，開火烹煮。以中火熬煮 30 分鐘後，熄火冷卻，放進攪拌機攪勻。

③ **熬煮草蝦高湯**

準備 400g 的草蝦放入鍋中，加入 2 杯（360g）海鮮高湯以中火燉煮，確認蝦子熟透後放入攪拌機攪勻。

④ **熬煮糯米糊**

準備 100g 的糯米，在水中泡發 3 小時，再加入 7 杯（1260g）海鮮高湯，用飯勺攪拌烹煮，以中火烹煮約 20 分鐘。

泡菜老師教授的
材料小故事

醃製豐盛的泡菜與街坊鄰居分享，

共同享受美好的滋味。

身為泡菜老師，為了鄉村媽媽們，

傳授愛用的食材與獨特的材料。

各具特色的
泡菜材料

從熟知的白菜、蘿蔔、嫩蘿蔔等常見的泡菜食材，
至青方白菜、大頭菜、香椿、菊芋、苦菜等，
將依序介紹泡菜大師喜愛的特色材料，
並詳述這些材料所蘊含的獨特魅力。

1 白菜　八公山山腳下的地區，幾乎每間屋舍後方的農地，每年皆會種植白菜，採行不使用農藥、不加以施肥的栽種方法，雖然體型不大，形狀較天然，但因為日夜溫差大而促成了鮮美的滋味。由於在大家族的生活形態下，喜好與鄰居共享泡菜，所以讓僅能從後院採收的白菜數量顯得不足。因此有時會到熟識的白菜園裡購買白菜，或至傳統市場挑選白菜，在這段過程裡相互交流之下，累積了對於白菜的知識與挑選眼光。秋天收割的白菜比起其他季節的白菜更能保存，而夏天的白菜因為水分較多，較不易長久保存。挑選白菜須選根部較小、莖薄、整體較短，重量沉甸的最好。切開時若中心呈現飽滿的鮮黃色尤佳。

2 小白菜　小白菜能辣拌食用，葉莖柔軟，葉形細長，水分含量高，帶有清爽滋味。只要避開梅雨季與冬季，是隨時都能栽種的田園蔬菜。上好的小白菜葉片短小，莖部呈白色，葉子為翠綠色。

3 青方白菜　雖然有人容易混淆小白菜與青方白菜，但兩者為截然不同的品種，從種籽即能看出差異。仍是菜苗時的確難以區方兩種白菜，但成熟後即能看出差異。青方白菜比小白菜短，同時圓潤厚重，菜心為黃色。水分較少，滋味醇厚，選用時要注意選短小，富含重量，葉片翠綠等細節。

4 **蘿蔔** 用途豐富，是能與其他食材相互映襯的蔬菜。蘿蔔可視料理的特性變化出各種切法，也可選擇不同的品種。製作水蘿蔔，可選用形狀圓潤，帶有蘿蔔葉的蘿蔔。製作辣蘿蔔塊，可選用底部較寬，圓潤有重量的原生種。長型蘿蔔水分較多，能用於熟拌菜或生拌食用。因其擁有獨得的辣味與甜味，相當適合製作泡菜醬料。挑選時選用沉甸、表面光滑有光澤，上方若有綠色部分則代表甜味明顯。蘿蔔上半部的綠色部分為顯露於土壤之外，白色則是埋於土壤之內。白色部分由於辣味較明顯，建議煮熟後食用，綠色部分甜味較明顯，可生吃。建議購買於黃土種植的蘿蔔，其為上品。

5 **嫩蘿蔔** 嫩蘿蔔雖然一年四季皆能購入，但比起在溫室栽種的品種，晚秋時期於黃土採收的嫩蘿蔔為最佳。在韓國各地依外型有著不同的稱呼，「小夥子蘿蔔」、「蛋型蘿蔔」、「珠蘿蔔」等等。小夥子蘿蔔由於貌似以前男性編髮的外貌，因而得此稱呼。蛋型蘿蔔則因圓潤如蛋。珠蘿蔔則是因圓滑的底部垂掛如珠。嫩蘿蔔以體積小，外皮薄，表面光滑，綠葉柔滑為佳。煮熟的嫩蘿蔔有著香甜的滋味，用它做花椒鰻魚醬，起初有些澀味，但熟成後將呈現甘醇滋味。

6 **小黃瓜** 小黃瓜擁有諸多種類。朝鮮黃瓜（原生種）、刺黃瓜、青黃瓜等等。朝鮮黃瓜較小，顏色淺綠、籽小。刺黃瓜顏色鮮綠，表面粗糙如刺。青黃瓜為

青綠色，表面光滑。挑選時選用頭尾粗細一致，沒有碰撞為佳。

7 **大頭菜** 大頭菜為蕪菁與高麗菜雜交而成的蔬菜，有紫色大頭菜與綠色大頭菜。葉子形似羽衣甘藍，常用作生菜或榨汁食用，具有甜味，口感爽脆，味同白菜根。市場與超市皆有販售，品質不佳為果肉有心或有空洞。建議選用外型飽滿圓潤，顏色鮮明，沒有碰撞凹陷者為佳。

8 **葉蘿蔔** 又稱蘿蔔葉。若是長得過長，莖部粗厚無味，建議選用葉子為淡綠色且肥嫩柔軟的。葉蘿蔔根部細小，綠色葉莖為主體，自春天至夏天經常用於醃製泡菜，蘿蔔葉泡菜可以乾拌麥飯，或是與其他蔬菜一同加入拌麵之中食用，可有效增加食欲。清洗時若力道過猛會產生澀味，建議輕浸於流水中清洗。

9 **高麗菜** 分為紫色高麗菜與一般高麗菜。紫色高麗菜通常比一般高麗菜體積較小，可久放。高麗菜外表圓潤，最外層為深綠色，頗具重量尤佳。切半販售時，建議選用菜心不軟爛為佳。夏日無胃口，對於白菜泡菜不感興趣時，可以改醃製高麗菜泡菜，嘗試全新的口感。

10 **青江菜** 某年在農地裡播下青江菜的種子，沒想到得到了豐收。由於先前沒有烹調過青江菜，在找尋適宜的料理方法時索性試吃幾口，沒想到其輕脆的口感與蘿蔔葉相似。製作成泡菜後呈現爽脆、清香的滋味。建議選用莖部厚實的青江菜，色澤呈現淡綠色為佳。

11 **茄子** 茄子性寒，可以幫助解熱，增添氣力，有效降低膽固醇。表面出現斑點或沒有光澤、呈現灰暗的咖啡色或暗紫色為劣品。好的茄子蒂頭尖銳、堅硬光滑，帶著亮麗的深紫色。

12 **芥菜** 有「紅芥菜」、「紫芥菜」、「小芥菜」、「突山芥菜」等等。紅芥菜帶辣味，香氣重，加入白菜泡菜、辣蘿蔔塊、水泡菜裡一起醃製可以增添色澤。小芥菜可以加在不辣的水蘿蔔裡一起醃製，讓不喜好辣味者食用。突山芥菜的莖部較粗、體型較大，多產於麗水一帶。建議挑選莖部柔軟，內葉捲曲突起、摸起來鮮嫩為佳。

13 **萵苣** 小時候母親曾叮嚀一則故事，讓我不敢在大人面前隨意用萵苣包肉來吃。因為包入食材後，必須張大嘴吃，眼睛也會隨之瞪大，在外人看來可能是

不禮貌的舉止,更容易被婆婆誤會,因此千萬要小心。萵苣的外型與名稱相當多元,大眾普遍食用的萵苣為「紫色萵苣」與「綠萵苣」兩種。折斷萵苣會流出乳白色的液體。苦澀的滋味能助消化,幫助睡眠,促進血液循環,恢復疲勞。醃製泡菜時,建議選用根部結實,葉面形狀分明為佳。

14 **紫蘇葉** 有的紫蘇只能食用葉子,有些則是連其果實也能食用。果實成熟後即為紫蘇籽。僅能食用葉子的紫蘇葉,香氣柔和,而連果實皆能食用的紫蘇葉,氣味則較重。選用時,挑選大小適中,淺綠色無斑點。葉片較大的口感較為粗硬。

15 **甜菜根** 又稱為「火焰菜」、「公根菜」、「紅豆菜」。某年春天無意之間播種後,長得相當茂盛,於是著手研究將甜菜根的葉子部分入菜。甜菜根葉作為水泡菜時具有特別的甜味與清爽的滋味。之後我每年皆會種植甜菜根,用其當作包菜的材料,也會涼拌或製成沙拉。甜菜根葉不宜過長,建議選用觸感柔軟為佳。使用根部入菜時,建議選用外皮較薄的甜菜根。切半時,顏色、層次鮮明為佳。

16 **馬鈴薯** 市面上販售的馬鈴薯多為表面土黃，內裡潔白的「白色馬鈴薯」。然
而最近也能於市面上看到「紫色馬鈴薯」，紫色馬鈴薯顏色獨特，帶有辛辣口
味。「粉色馬鈴薯」則是表皮呈現淡粉色，形似地瓜。馬鈴薯為春天播種的作
物，同時也是最早收成的作物。夏至（農曆 6 月 22 日）收成的馬鈴薯最好吃。
外型圓潤扎實，表面帶光澤為佳。建議選用大小適中的馬鈴薯。不建議選用顏
色過深或過淺的，也要避開選用表面皺起或發芽的馬鈴薯。

17 **地瓜** 地瓜有「栗子地瓜」、「南瓜地瓜」、「紫色地瓜」等等。紫色地瓜為
朝鮮英祖時期，透過日本通信大使趙嚴得知，地瓜為優質的救荒抗災糧食，因
此從對馬島輸入韓國。紫色地瓜果肉呈現鮮紫色，擁有淡雅的甜味，七、八前
年親戚曾贈送一箱紫色地瓜，當我致電向對方道謝時，他表示由於紫色地瓜的
甜味較輕，希望我可以嘗試研究出適合的料理方法，因此我將其製作成泡菜，
也磨成泥煎成煎餅。紫色地瓜不能放於冰箱保存，可放在陰涼處的籃子裡或菜
盤裡。栗子地瓜則是水分較少，帶有栗子甜味。南瓜地瓜猶如南瓜般呈現金黃
色，甜味明顯，水分較多。摸起來結實，有光澤，散發甜味的地瓜為佳。

18 **菊芋** 又稱「洋薑」。根部與美麗又黃澄的花朵不同，長得凹凸不平，多產於
田野與山間。菊芋為多年生，每年於春天冒出嫩芽，夏天長出莖部，秋天則是

開出鮮黃色的花朵，霜降之後，樹葉與莖部將乾枯，此時就是採收菊芋的時期。甜味明顯，纖維豐富，口感爽脆，可以生吃也可以醃製入菜。建議選用結實無碰撞的菊芋，切好晾乾後稍微炒過，放進水裡烹煮也相當美味。

19　**白菜根**　指朝鮮白菜的根部。白菜根是長輩們充滿回憶的單字。最近的年輕人可能難以置信，在那缺乏糧食的年代就連白菜的根都能作為食物。白菜根擁有高雅的甜味，口感清脆。晚秋至春天皆能在市場找到。

20　**苦菜**　記得小時候母親曾在果樹下挖掘苦菜回家料理。無人看照的苦菜輕鬆就能挖出一整籃，母親徒手挖掘苦菜，使得滿手沾滿泥土與苦菜汁。現在由於大多使用除草劑，已經難以發現野生的苦菜，但市場上仍處處可見種植採收的苦菜。建議選用葉子形狀不一、具有光澤，根部較粗的為佳。

21　**楤木芽**　春天的腳步將近時，自然而然想尋找刺激胃口的食物。楤木芽分為土地種植與樹木收割的兩種品種。兩種的外型與香氣截然不同。樹木生的楤木芽尾端之嫩芽帶有清爽苦味，製成泡菜後能刺激胃口。建議挑選整體較短，莖部厚實，葉子不多為佳。

22 桑葉　1960 ～ 1970 年代盛行養蠶，為了作為飼料，種植大量的桑樹，因此在野外經常能見到桑樹的蹤跡。我所住的地區除了後山以外，庭園的一角也種有桑樹。桑樹的根、莖、葉與果實，能當作食材，也能提煉藥材。折斷樹莖能看見乳白色的汁液，具有健胃的功效。桑葉性溫無毒，醃製泡菜每日食用，猶如天然的保健食品。

23 香椿　如其名，愈嚼愈香。透出紅光的椿樹是春天到來的特色之一。椿樹芽與「漆樹芽」、「刺楸芽」為春日三大新芽。椿樹的新芽可以油炸、醃製、涼拌、煎餅等多種料理用途。嫩葉可以直接生吃，曬乾後也可煮成高湯。根部與外皮可以提煉藥材，椿木也可加工作為家具或農具使用。建議挑選長度適中，不過度茂盛，觸感輕柔的香椿。

24 防風草　如其名，具有「防風」的效用，帶有苦味、甜味，以及隱約的香氣，適合用於醃製、煎餅、涼拌的料理。根部多用於提煉藥材或釀酒。防風草有栽種與野生兩種，雖味道相似，但形狀不一。野生防風草莖部呈現紅色，葉子較小，有苦味，栽種的防風草則是莖部較粗，葉子也較大。

25 蓮藕　佛教視蓮花為神聖的象徵，佛祖盤坐之處被蓮花包圍，又稱作「蓮花

座」。蓮花顏色柔美，花語象徵「純潔」、「美麗」、「神聖」。蓮花之根的蓮藕，性溫無毒，不僅能食用，也能提煉藥材。朝鮮時代的學者李珥在失去母親申師任堂後，悲痛萬分，健康惡化，透過食用蓮藕粥後恢復體力。蓮藕以表皮無碰撞，富含重量，整體飽滿為佳。

26 **牛蒡** 當電視報導牛蒡有益於健康時，牛蒡的價格曾經大幅上漲。其實所有根莖類的食物對於健康都有益處。普遍食用牛蒡時會用刀削去外皮，但其實牛蒡特有的香氣與味道來自於表皮，因此可以使用菜瓜布或洋蔥包裝袋輕輕洗淨塵土，再用刀具將撞傷部分刨除。腰桿直細，粗細平均為佳，過粗的牛蒡可能內有空洞，也極可能是進口商品。

27 **老南瓜** 老南瓜可預防老化、恢復疲勞、生產後消水腫。以前的婦女會在女兒或媳婦臨盆之前，準備熟透的大南瓜用來熬煮理中湯。熟透的南瓜經過烹調後，外皮柔軟，適合每個年齡層食用。

滋味香甜可口的老南瓜能與糯米一同煮成糯米糊，用於醃製泡菜，帶來柔和的味道。三十年前我在首爾某間寺院向僧人學習了用南瓜醃製泡菜的方法，在那之後每到秋天，我就會醃製南瓜泡菜，分送給周邊的親朋好友，廣受好評。

28 **桔梗**　夏天至山中遊玩，經常能看見桔梗花，那即是「野生的山桔梗」。韓國所有地區皆適合栽種桔梗，通常於三～四月或十～十一月播種。也稱之為「桔梗藥材」、「桔梗木」、「長生桔梗」。二～三年生的桔梗木，殘根較小，外表光滑，苦味較輕。五～六年的桔梗木可以作為藥材，十年以上的桔梗木則是長生桔梗。欲知桔梗的年齡可透過新芽的位置略知一二，當年長出新芽的位置隔年則不會再冒，將會留下痕跡。放置較久的桔梗藥材可於祭祀時或感冒時食用。有人說每過三年就要將桔梗樹移植至他處，但只要將雜草拔除、不施肥，可以不用移植也不會枯爛。桔梗在春天時會冒芽，六～七月開花，秋天結果。桔梗花有紫色或白色的花形，從前長輩們總說白色花的白桔梗為最佳。

29 **紅棗**　有句俗語說「若是看到又圓又飽滿的紅棗不吃，就會變老」。結實纍纍的紅棗，自古就象徵子孫滿堂，因此常用於祭祀、周歲宴、添福添壽時的宴客食材。紅棗擁有數十種功效，經常用於料理之中，具有甜味，無毒，能與所有藥材搭配，也是知名的中藥材。將乾燥的紅棗入水烹煮後，醃製泡菜，將帶出食材的甜味以及爽口如氣泡水的清爽滋味。建議選用色澤亮紅，果肉飽滿為佳。

30 **栗子**　「我要買糖炒栗子！」冬天賣著糖炒栗子的攤販，總是洋溢著冬天夜晚特有的景色。記得小時候將栗子放在廚房的灶口，等待尖銳的啪啪聲傳來，就能打開烤熟的栗子，打開後香氣四溢，現烤栗子的味道直到現在也讓人口水直流。將富含營養的栗子醃製成泡菜，每天食用有益於健康。栗子更是婚喪喜慶不可或缺的食材，栗子同時為兩瓣或三瓣，然而在祭祀時只能使用兩瓣的栗子，因為代表左方與右方。紅棗僅有一個籽，代表皇帝，栗子則是意指六朝全書，所以是祭祀桌上的必要材料。果實飽滿，散發光澤的咖啡色為佳。

31 **柿子**　春天到來，柿子樹冒出嫩芽時，可將嫩芽摘下製成柿葉茶。一至秋天，後院的柿子樹就會結滿澄黃色的柿子。當冷風颼颼颳起，可摘下柿子做成紅柿。只要將柿子與稻草放進缸中或箱內層層堆疊，放置陰涼處，即能成為熟透的紅柿。由於內心焦急，多次想確認柿子熟透了沒，因此偷嘗紅柿的滋味又該如何比擬呢？熟透的紅柿製成醋後，加入碳酸飲料的滋味相當美好，將紅柿放進泡菜，能帶入香甜與爽口滋味。

32　**石榴**　石榴是傾國傾城的楊貴妃和埃及豔后喜好吃的食品,為世界各地長期栽種的作物,因此在歷史上經常能見石榴的蹤影。石榴由於其外型與效能,象徵「多產」與「復活」。而石榴最近能再度引起注意,是因為有研究指出波斯灣周遭地區的中年女性所經歷的更年期不適,比起其他地區較輕微。挑選石榴時要選鮮明紅色的外皮,表皮堅硬不軟爛,沒有碰撞為佳,手感愈重代表果汁愈多。

33　**青辣椒**　青辣椒有著豐富的品種,體型較長、表皮柔軟為「長辣椒」;長度較短,圓厚爽脆為「脆辣椒」;短小結實,辣味鮮明為「青陽辣椒」。一般磨成辣椒粉的辣椒為「土種」。挑選時注意表面光澤,蒂頭新鮮為佳,觸感愈硬辣度愈辣。

34　**紅蘿蔔**　紅蘿蔔有預防癌症,抗氧化的效用。紅蘿蔔的紅蘿蔔素可以在體內轉化為維他命,對於長期茹素者尤佳。建議挑選表皮有光澤,手感扎實,表皮呈橘紅色,體積不過大者為佳,過度巨大的紅蘿蔔經常出現空心的情況。

35 **妙蔘** 妙蔘是一年期的人蔘,播種一年後長出的苗種。將妙蔘繼續栽種五年則為五年期的人蔘。若是造訪以人蔘知名的錦山,可以在人蔘市場找到一般人蔘與可愛的妙蔘。挑選時注意根部不乾癟,保持新鮮的尤佳。

36 **馬齒莧** 又稱「五行草」、「長命菜」、「麻繩菜」。葉子翠綠,根為白色,莖為紅色,花為黃色,籽為黑色,因此稱為「五行草」。相傳吃了能長壽,因此稱為長命菜,也因形似馬的牙齒,而稱為馬齒莧。馬齒莧葉子厚實、青綠,莖部細長飽滿,有光澤時則味較淡,開花後摘採的馬齒莧口感較硬。

37 **洋槐花** 洋槐花如迎紅杜鵑,皆為可食用的花材。經常可見長於野山和溪谷。洋槐花味道香甜如蜜,含有身體所需營養。每年五～六月可於山間聞到洋槐花的香氣。無須滿枝盛開就已芬香滿溢,反而花苞完全盛開時香味較淡。洋槐花可用於醃製水泡菜,可選用只開出一兩朵,尚未完全盛開的枝枒。

基本醬料
與副材料

醬料可以隨著食材的特性適當地進行混和，作為調味與香氣之用。古人使用醬料時，如同調製藥品的配方般，比例拿捏精準，不過量也不欠缺。接下來將介紹食鹽、辣椒粉、大蒜、生薑、韭菜、蔥、洋蔥、刺松藻等散發香氣的調味食材，以及如補藥般對身體有益的基本醬料與海鮮醬。

---

①
**發酵的趣味，
食鹽
與海鮮醬**

新鮮的
海鮮
用天日鹽
鹽漬後，
是天然
發酵的
大自然的禮物。

食鹽 由於丈夫的故鄉在忠清南道，每次回婆家之際，再往後邊一點走，就能望見鹽田，也能直接向鹽販購買食鹽，開啟與食鹽的緣分。家中長子退伍後，繼續大學學業時，表示想著手接觸傳統飲食中的醬類。而我最先提出的建議就是「需使用完全去除鹵水的天日鹽，否則沒有味道，而且每年都要買食鹽。」因此我們每年皆會購買食鹽，迄今已二十餘年。現在鹽類倉庫就在廚房不遠處，但十年前時還在遙遠的院子一角，記得當時兒子為了醃醬，找來朋友們一同將鹽袋扛在肩上來回搬運的模樣。

本書所用的食鹽，是在日光下曬乾海水的 100% 天日鹽（粗鹽）。食鹽主要有天日鹽、再製鹽、燒鹽、精製鹽、加工鹽。天日鹽的礦物質比精製鹽或再製鹽的還高。但是鹵水全乾的食鹽與未乾的食鹽味道差距甚遠，鹵水全乾的食鹽無澀味，去除得愈乾淨，味道層次愈豐富。挑選時注意顆粒大小平均，味道無苦無澀，鹽粒蓬鬆，觸摸後手指乾爽無水分殘留尤佳。於每年松花花粉飄揚的五月購買食鹽最佳。那時的食鹽已經完全去除鹵水，沒有苦味。優質的天日鹽能幫助食品發酵，用好鹽醃製白菜，能使白菜口感爽脆，帶出白菜的香甜。有些諷刺地是，在 2009 年 3 月以前，天日鹽歸類為礦物而非食品。在那之後才正式歸類為食品，爾後許多大型企業正式投入生產天日鹽製品。

泡菜並非一日而成的速食品，是古人運用智慧，為了未來提前醃製而成的美味。食鹽也依然，為了好幾年後的未來，必須提早著手準備才行。

追求眼前的幸福固然重要，但猶如製作天日鹽般未雨綢繆，我們也要為了往後寬敞的道路，率先準備，事前做好規劃，將古人的智慧運用於生活之上。

花椒魚露　白帶魚醬　花椒鯹魚醬　青鱗魚醬　鰈魚醬　蝦醬

花椒魚露　當開始捕獲春天的鯷魚時，我就會隨即動身前往南海購買新鮮的鯷魚。

回來後在院子裡擺好材料，將鯷魚、去除鹵水的天日鹽和花椒拌勻後放入缸內，醃製成花椒魚露。

此書經常使用的花椒魚露，正是鯷魚魚露。花椒在慶尚道稱為「山椒」，放入泥鰍湯內燉煮能去除腥味，帶來鮮明的辣味。

將花椒加入鯷魚露中，可消除鯷魚特有的魚腥味，使味道更加清爽。熟成大約一年左右的花椒魚露可用於醃製泡菜，烹煮海帶湯或明太魚湯，以及涼拌菜時也能加入調味。

花椒鯷魚醬　新鮮的鯷魚、食鹽、花椒葉共同放入缸中醃製熟成一年後，即完成了花椒鯷魚醬。

色澤為深灰色。擁有醇厚滋味的花椒鯷魚醬可用於多種料理，可加入原有醬料或是包菜醬料中進行提味，也可用於涼拌菜。若將花椒鯷魚醬過濾，只取清澈純汁即為花椒魚露（鯷魚魚露）。

蝦醬　將蝦類鹽漬過後即為帶有清爽鮮味的蝦醬。根據使用的蝦子品種與醃漬的季節，醃製出的蝦醬也有不同的名稱。五月醃製的稱「五月蝦醬」，六月則是「六月蝦醬」，秋天醃製為「秋醬」，二月醃製為「冬柏醬」，七月醃製為「七月蝦醬」，臘月醃製則為「臘醬」。

若使用潔白如雪的蝦子醃製為「白蝦醬」，使用蝦身透出粉色的蝦子醃製則為「嫩蝦醬」，使用體型嬌小的蝦子醃漬為「蝦米醬」，使用淺水養殖的蝦子與醬料醃製的為「土花醬」，擁有豐富的稱呼。

雖然蝦醬種類繁多，但味道最佳的為六月蝦醬。蝦子型態完整，肉質飽滿，頭尾紅潤，沒有摻雜雜魚，帶有鮮甜滋味。

白帶魚醬和白帶魚內臟醬　白帶魚醬和白帶魚內臟醬通常選於春天或秋天醃製。白帶魚醬醃製時會去除頭尾與內臟，刮除鱗片放於缸中，置於陰涼處熟成一年以上，將醃製出濃郁的海鮮醬料。建議選用年幼的白帶魚更顯鮮甜。白帶魚內臟醬則是使用白帶魚內臟醃製的醬料。

青鱗魚醬　青鱗魚醬帶有香醇濃郁的滋味，由於肉質結實，不易軟爛，醬湯可用於醃製泡菜，青鱗魚可以剁碎

黃魚

生鯷魚

草蝦

後與醬料拌勻使用。

青鱗魚體積小，內臟體積也相對較小，個性好動，因此被漁網撈捕上船後很快即會死亡。因此也用來暗指不聽勸告，自私自利的人。

青鱗魚於三～四月左右肉質飽滿，選用此時捕撈的魚醃製醬料為最佳。

鰈魚醬 早春時節，用浦項的竹島市場買來的新鮮鰈魚與完全去除鹵水的食鹽，以 10：3 的比例混和攪拌後，置於陰涼處醃製一年以上，將能吃到肉與骨全然融化成美好滋味的鰈魚醬。鰈魚擁有許多種類，建議選用體積較小、肉質新鮮的為佳，鰈魚也比其他海鮮的口感更為彈牙，無腥味。

黃魚 黃魚味道鮮美，廣泛用於各式料理，同時也會用於製作醬料與泡菜。有以食鹽搓揉的半乾黃魚，以及白色部分較多的「白黃魚」，魚鰭上有刺為「針黃魚」，顏色較深為「黑黃魚」，透黃光的為「黃花魚」等豐富的種類。

黃魚肉質鮮甜，適合各式料理方法，

也能醃製食用，作為醬料與泡菜時多選用魚身擁有明顯黃色的黃花魚。

黃花魚並非體積大則味道佳，以黃光鮮明、魚鱗銀白透亮為上品，製作醬料時建議選用幼魚。

生鯷魚 未經過乾燥處理，自海裡新鮮現撈的鯷魚。

新鮮的鯷魚可以生吃、煮湯也能醃製泡菜。鯷魚主要自南海的彌助港、三千浦港、釜山機張、統營巨濟等南方海域撈捕。優質的鯷魚帶有透亮的銀光，背部為銀藍色光澤。二月至六月撈捕的鯷魚肉質軟嫩，味道鮮美。

草蝦 於醃製泡菜季節（晚秋早冬）所撈捕的草蝦尤佳，能帶來鮮甜的海鮮風味。

玉筋魚魚露 由新鮮的玉筋魚鹽漬發酵後製成的醬料，腥味較低，味道清爽，廣泛用於各式料理。透出銀白色光澤，魚鱗緊貼魚身尤佳。本書並無使用玉筋魚魚露，而是選用花椒魚露，兩者可替換。

②
對身體有益的
基本醬料

醃製泡菜時
的必要醬料

大蒜 自蒜田裡生長的六瓣蒜為上品，六瓣蒜為整顆大蒜裡具有六瓣的蒜頭。獨子蒜為未分瓣，根據土壤不同，也有四瓣、五瓣、七瓣、八瓣的蒜頭。根據區域不同，也分為寒帶蒜與暖帶蒜。寒帶蒜主要生長在內陸與高緯度的地區，保存期間較長，體積較大。主要栽種於忠清南道的瑞山、慶尚北道的義城、江原道的三陟等地。暖帶蒜多栽種於南海岸一代，秋天播種春天收成，生長期間比寒帶蒜短。建議選用結實、辛辣味重尤佳。

辣椒 辣椒是韓國飲食不可或缺的材料。韓國人在意志消沉、體力不佳時喜好食用刺激的辣味食物，藉以恢復體力。既然能克服辣椒的辛辣刺激，那麼眼前的苦難也能順利克服之意。以多種食用方法使用醃製泡菜汁中的辣椒，建議選用辣椒籽較粗的尤佳。根據泡菜的種類也會磨製成辣椒粉使用，也能與大蒜和清水攪拌成汁使用，或單選紅辣椒攪拌也可。辣椒有朝鮮辣椒、辛辣的青陽辣椒等等。根據乾燥處理的方法不同，有用陽光曬乾的日曬辣椒與蒸乾的乾辣椒。顏色亮麗、散發光澤的日曬辣椒為上品。

大蒜的功效
當身子過冷，無法入睡時可以食用大蒜或蒜酒，溫暖身體、鎮定身心。大蒜粥可以潤喉。與肉類烹煮時能幫助消化。長期食用可以增強體力、防止老化，對身體健康相當有益，若是食用過後嘴巴散發異味，可透過飲用牛奶或咀嚼茶葉消除異味。

生薑 生薑味道強烈，擁有多種功效，可以使肉類軟嫩，消除腥味，因此多用於肉類料理。茶山丁若鏞詩人曾寫道生薑汁能有效防止中風，感冒時可以咀嚼薑片，使身體出汗。生薑性溫，適量攝取有益身體健康，生薑不僅常用於醃製泡菜，也經常用於韓國料理。

建議挑選形體飽滿，骨節較小為佳，外皮黃土色，皮薄不過度乾燥。

蘋果 蘋果品種繁多，主要能分為三大類。十月下旬至十一月收成的稱為「蜜蘋果」，蜜蘋果之前的為「富士」，顏色鮮綠為「青蘋果」。蘋果因地區與氣候不同，有著不同的風味。日夜溫差大的高冷地所種植的蘋果味道佳，雖然果皮色澤較淺，卻果肉扎實、甜味明顯。近年來由於氣候暖化，栽種蘋果的地區逐漸往北邊移動。

蘋果內含的蘋果酸由於會提高胃酸濃度，早上食用較佳，晚上食用容易引起胃疼。蘋果切半後去籽削皮，切成半月形曬乾或用家用食物烘乾機進行乾燥處理後，可當作零食放於家中，也能與年糕或乾貨類一同料理。
顏色均勻，果肉結實、光澤亮麗，形狀對稱為佳。

在泡菜裡加入蘋果時，發酵速度較快，通常用於隨即食用或涼拌、水泡菜等。

梨子　梨子主要分為「野生梨」與「栽種梨」。野生梨子樹只要到山間或鄉野的巷口隨處可見。野生梨體積較小，果肉結實，甜味較淡，水分偏少。野生梨與糖以 1：1 混和醃製後可用於料理或藥品。栽種梨依產地和外型有著許多名稱與品種。建議挑選外皮無瑕疵，果皮呈金黃光澤的尤佳。果汁含量豐富，滋味清爽，口感鮮脆。

將梨子取代砂糖製作泡菜，不僅能幫助發酵，還能帶來清爽的自然甜味。

梅子醬　梅花樹結成的果實為梅子。將梅子與砂糖 1：1 的比例混和，放入缸中發酵，製成的醬料即為「梅子醬」。甜中帶酸的梅子醬可取代砂糖用於料理，腹疼時也能食用梅子。

凜冬中綻放的梅花稱為「雪中梅」，梅花的香氣讓因寒冷而蜷縮的身子伸展開來。透紅暈的為「紅梅」，擁有潔白花瓣的為「白梅」，枝幹黛綠的為「綠梅」。

醃製梅子醬主要使用青梅，果肉飽滿，沒有斑點。散發嫩綠色，味道清香的梅子最佳。
我每年會至密陽的梨溪谷購買朝鮮種的梅子，用以醃製梅子醬。

熟透的梅子裝進有氣孔的缸中以低溫發酵，可以做出風味濃厚，酸甜可口的梅子醬，可取代砂糖用於醃製泡菜，抑或是作為梅子茶、沙拉醬汁或用於調味等等。

珠蔥 帶有清爽辣味，性溫，能使身子溫暖。初秋與春天收割的珠蔥最佳，可以做成煎餅食用，夏天收割的珠蔥適合醃製泡菜。

珠蔥的根部不能太粗或太細，大小適中，蔥綠部分勿過長尤佳。秋天播種於春天收成的珠蔥，滋味最為美好。

大蔥 香氣獨特，可以生吃或用於泡菜等多種料理方法。燉煮肉湯時加入大蔥可以使肉質軟嫩，增添香氣。蔥可增加新陳代謝，消除疲勞，恢復體力。大蔥多於春天和秋天播種，雖然隨著季節，蔥的外型不一，但建議選用蔥白形圓較短，蔥綠較長者為佳。秋天採收的大蔥多用於醃製泡菜。秋天播種，種籽在土壤裡歷經冬天至春天長成的蔥稱為黃蔥，蔥白較長，蔥綠較短，滋味香甜，香氣重。

民俗療法裡的蔥
蔥能幫助消化、助排汗，因此感冒時可以服用蔥粥。咳嗽不停時可將蔥切碎，用布包裹起來敷在鼻孔處，呼吸幾次後可止咳。難以入睡時可以將蔥放置頭部附近，有助於睡醒後思緒清晰。感冒時，可將曬乾後蔥的根部、梨子、桔梗、生薑、蜜柑、蘿蔔共同熬成補湯飲用。

洋蔥 洋蔥有紫洋蔥與白洋蔥。自土裡採收的洋蔥易貯藏，放置於通風陰涼處可以食用整個冬天，短日期的早生洋蔥，辣味較溫和，可以生食。

洋蔥即使果肉顏色不一，但功效相同，建議選用光澤鮮明，頭部堅硬，整體圓潤者為佳。醃製泡菜時加入洋蔥可以幫助發酵，洋蔥特有的甜味也可替泡菜增添風味。

韭菜 韭菜於慶尚道的方言稱為「精久持」（정구지），當我剛嫁到首爾至市場買菜時，市場攤商全都一知半解然後交頭接耳。回家後詢問丈夫才知道首爾稱為韭菜。忠清道稱為「笊籬」，韭菜由於尾端像毛筆，因此曾稱為「毛筆草」。播種後無須多加照顧就能長得繁盛，就連懶惰之人也能栽種，因此也稱為「懶惰鬼之草」。

韭菜廣泛使用於各項料理。春天首次長出的韭菜稱為「初生韭菜」，含有豐富營養，風味獨特。韭菜分為傳統種和改良種，傳統種葉身較細短，改良種葉身較寬也較細長。

水芹 分為水芹與野生水芹。野生水芹較短，帶紅色，葉子較多。一般水芹葉莖較長，呈現嫩綠色。

不建議選用過粗或過細的水芹，食用口感較韌性。

刺松藻 形似鹿角的刺松藻分為乾燥處理的刺松藻和新鮮的刺松藻。生的刺松草建議選用枝節飽滿，散發深綠色光澤為佳。乾燥的刺松藻帶綠，無雜質附著為佳。刺松藻與泡菜一同醃製時，可以去除海鮮醬料的腥味，並且緩和蒜味，食用後口感清爽。

羊棲菜 味道與香氣鮮明的洋棲菜，如短針葉般綑綁成束，又稱「鹿尾菜」。具解毒作用，由於富含膳食纖維，能增加飽足感，適合飲食控制期間攝取。在早期糧食不足時，會將羊棲菜拌入穀物中食用。

羊棲菜具有光澤，大小適中為佳。

③
幫助泡菜發酵
入味的粥與糊

醃製泡菜時，會加入糯米煮成的糯米糊或糯米粉打製的
漿。以麵粉、麥粉、馬鈴薯粉多項材料打成的漿稱為「漿
湯」。

用煮熟的糯米粥或糯米糊醃製泡菜時，能使泡菜散發光
澤，增加黏性使醬料不分離，均勻附著於蔬菜。

麥粉帶有清爽的滋味，與馬鈴薯、麵粉、米飯等以適當的
比例調製後有效幫助熟成。

醃製泡菜加入糊或漿可以幫助發酵，消除蔬菜的苦澀味，
同時具有天然的香醇味，提升整體口感。

糯米糊與糯米粥

以糯米煮成的粥為糯米粥，以糯米粉熬煮的為糯米糊。無論是糯米粥或糯米糊，用於醃製泡菜時，能使泡菜整體散發光澤，醃料不分離，均勻貼合於蔬菜，並且幫助熟成。

在糯米粥裡加入紅棗可煮成紅棗糯米粥，加入老南瓜則是老南瓜糯米粥。在糯米糊加入紫蘇籽粉可以增添濃醇香氣。此書的白菜泡菜、紅棗白菜泡菜、老南瓜白菜泡菜、羊棲菜白菜泡菜、新鮮鯷魚白菜泡菜、辣拌蘿蔔泡菜、夏季白菜泡菜、蜂斗菜泡菜等，均使用糯米粥。

花椒葉白菜泡菜、萵苣泡菜、菠菜泡菜、香椿泡菜、青蒜苗泡菜、桑葉泡菜、尾蔘泡菜、楤木芽泡菜、嫩蘿蔔泡菜、青辣椒泡菜、苦菜泡菜、牛蒡泡菜等則使用粥或糊。

熬煮糯米粥

材料（以醃製泡菜 10kg 為基準）

糯米 1 杯（180g），海鮮高湯 7 杯（1260g）

作法　在醃製泡菜的前 3 小時，事先浸泡糯米後將水過濾，置於鍋內，放入 7 杯水後開火，以木頭飯杓持續攪拌，以防沾鍋，以中火熬煮 20 分後關火冷卻。

TIP　① 可以使用壓力鍋烹煮糯米粥，節省時間。
　　　② 海鮮高湯的作法：於鍋內放入 3L 的水與 50g 的昆布、50g 的鯷魚、50g 的乾香菇，開火燉煮，煮滾後熄火冷卻，過濾湯料僅使用高湯。

熬煮糯米糊

材料（以青辣椒泡菜 20 人份為基準）

海鮮高湯 1 杯（180g），糯米粉 3 大匙（75g）

作法　在鍋中加入高湯與糯米粉，以木頭飯杓持續攪拌，以中火熬煮，煮滾後熄火。

熬煮麥糊

麥糊可以幫助消化，味道清淡爽口。夏季醃製泡菜時可減緩腐敗速

度，也能使食材軟化。本書使用於小黃瓜蘿蔔葉水泡菜、秋收豆葉泡菜、馬齒莧水泡菜等。

熬煮麥糊

材料（以蘿蔔葉水泡菜 10 人份為基準）

水 5 杯（750g），麥粉 1 大匙（15g）

作法　鍋中加入水與麥粉，攪拌均勻，用木頭飯杓持續攪拌，煮滾後熄火。

TIP　若沒有麥粉，可使用烹煮麥飯的水。

麵粉糊

麵粉糊可以促進泡菜發酵，產生乳酸菌增添風味，帶出具有層次感的醇味。本書使用於洋槐花水泡菜、高麗菜水泡菜、覆盆子水泡菜、蘿蔔葉白菜水泡菜、青辣椒萵苣水泡菜、蓮藕水泡菜、甜菜根水泡菜、彩椒五味子水泡菜、片狀蘿蔔水泡菜、紫薯水泡菜等。

熬煮麵粉糊

材料（以蘿蔔葉白菜水泡菜 20 人份為基準）

水 1L（1000g），麵粉 1 大匙（15g）

作法　將水和麵粉放入鍋中攪拌，以木頭飯杓攪拌，中火煮滾後熄火。

馬鈴薯糊

夏天氣溫較高，蔬菜容易過熟或發酵不順利，可以使用帶來高雅醇味的馬鈴薯糊。本書使用於夏季蘿蔔葉泡菜、小白菜泡菜、辣拌娃娃菜、青江菜泡菜等。

熬煮馬鈴薯糊

材料（以夏季蘿蔔葉泡菜 20 人份為基準）

海鮮高湯 2 杯（360g），馬鈴薯 1 個

作法　馬鈴薯去皮後切成四等分，與海鮮高湯放入鍋中，以中火燉煮15 分鐘後搗碎。

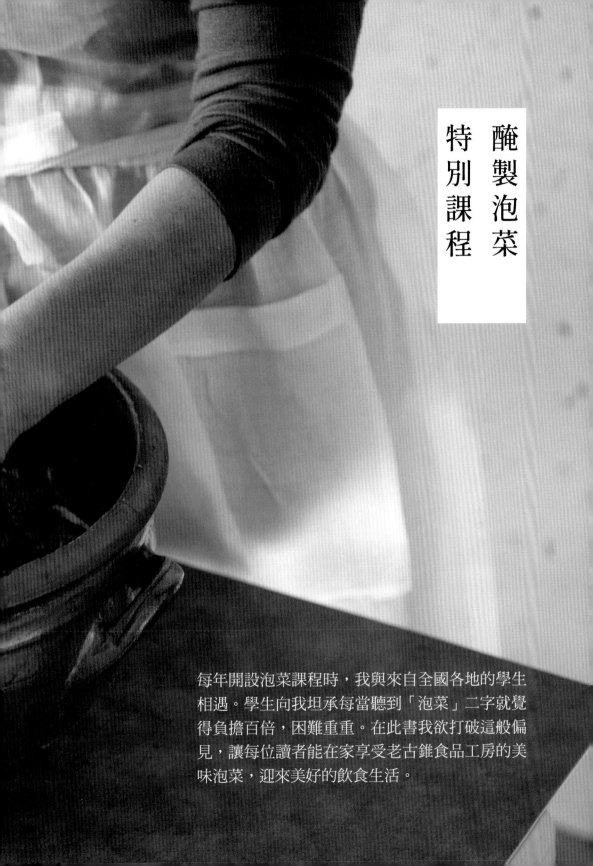

醃製泡菜
特別課程

每年開設泡菜課程時,我與來自全國各地的學生相遇。學生向我坦承每當聽到「泡菜」二字就覺得負擔百倍,困難重重。在此書我欲打破這般偏見,讓每位讀者能在家享受老古錐食品工房的美味泡菜,迎來美好的飲食生活。

鹽漬白菜
基本方法

醃製時機

大約於 11 月 7 日或 8 日的立冬左右，立冬為冬天正式開始的日子，北方在立冬前醃製，南方則是立冬之後。

鹽漬白菜時，可能影響醃製時間與味道濃淡的三種因素。
1. 食鹽：食鹽分為完全去除鹵水與未完全除鹵水。
2. 品種：應視白菜的品種與生長環境調整。
3. 氣候：應視氣溫高低調整醃製時間。

5 顆白菜

（鹽漬過後大約
　10 ～ 20kg）

主材料

醃製泡菜期採收
的白菜 4 ～ 5 顆

鹽漬材料

水 9L（9000g）
粗鹽 10 杯（1600g）

* 醃製時間大約
　23 ～ 24 小時
* 粗鹽為完全去除
　鹵水的天日鹽

_1_ 於白菜底部劃出
　十字，深度約
　10 ～ 12 公分。

_2_ 刨除白菜根。

_3_ 大盆裡放入水
　9L、粗鹽 9 杯，
　使其溶化後將白
　菜的側邊均勻沾
　上鹽水。

_4_ 倒立白菜，澆淋
　3 ～ 4 次鹽水。

_5_ 準備剩下的 1 杯
　粗鹽，每顆白菜
　放進 1 大匙的量
　於底部。

_6_ 於傍晚6～7點鹽漬至隔日早上。

_7_ 隔日早上將白菜撕成兩半,將白菜立起,確保頭部、根部浸於鹽水。

_8_ 5個小時後,撕成四分之一,再醃製5個小時。

若是經過5個小時後,白菜仍沒有柔軟,可以於根部抹上食鹽,並放置1～2小時。

_9_ 將醃製好的白菜用清水清洗,晾乾一整夜。

冬季
泡菜醬料

「要怎麼在今年也做出美味的泡菜呢？」每到入冬之際，家家戶戶便開始擔憂今年該如何醃製泡菜，因為冬季裡的泡菜猶如補藥般重要。從前醃製泡菜是一年之中的大事，現今由於許多材料已經不限季節，隨時可食用，因此想吃時再醃製即可。但是運用當季食材製作的泡菜才是能做出最美味的泡菜。

11月7日或8日為入冬。入冬的前後是醃製泡菜的時機，這個季節是草蝦、鮮蝦、刺松藻、醃製用的芥菜，以及帶根的水芹等醃製所需的材料盛產之時。草蝦主要的產區為慶尚道，若是不好購買，也可以此時盛產的鮮蝦替代。

醃製方法

鹽漬白菜
大約 10 ～ 12kg

醃製材料
辣椒粉 6 杯（600g）
蒜末 1 杯（200g）
薑末 2 大匙（40g）
花椒魚露 200g
蝦醬 1 杯（200g）
白帶魚內臟醬 100g
花椒鯷魚醬 100g

糯米粥材料
海鮮高湯 7 杯（1260g）
糯米 1 杯（180g）

材料
蘿蔔 900g
梨子（大型）1 顆
珠蔥 100g
水芹 100g
芥菜 150g
乾刺松藻 30g

海鮮高湯材料
海鮮高湯 4 杯（720g）
：小黃魚 600g
海鮮高湯 2 杯（360g）
：草蝦 400g

老古錐食品工房
的秘方

此醬料可以醃製鹽漬白菜 13kg 左右的份量。草蝦、黃魚、生蝦可以於入冬季購入後放於冷凍庫，一年內皆可食用。

1 蘿蔔與梨子切絲。

2 將珠蔥、水芹、芥菜切 3 ～ 5 公分。

3 乾刺松藻於清水中洗淨，擰乾水分後切細。

4 取花椒魚露、蝦醬、白帶魚內臟醬、花椒鯷魚醬備用。

5 再將蘿蔔絲、梨絲、辣椒粉、蒜末、薑末、花椒魚露、蝦醬、白帶魚內臟醬、花椒提魚醬加入攪拌。

6 打勻後的黃魚、草蝦泥（＊參考 P.17 作法）加入醬料後攪拌均勻。

7 取糯米 180g 浸泡 3 ～ 4 小時，與海鮮高湯 7 杯共同熬煮至 4 杯（800g）。

8 最後把珠蔥、水芹、芥菜、乾刺松藻、糯米粥放入醬料，輕柔攪拌，此時若過於用力，熟成後將有異味產生。

9 在鹽漬白菜間均勻抹上醬料。

老南瓜
白菜泡菜

熟透的南瓜切半，以湯匙挖取南瓜籽後去皮，可廣泛用於多項料理。蒸熟後可以煮成粥、煎餅、製成年糕或沙拉醬汁。老南瓜放入泡菜，將醃製成味道芳醇、甜味四溢的泡菜。

老古錐食品工房的秘方

珠蔥、水芹、芥菜要於最後階段再放入，泡菜才不會有苦澀味。

醃製方法

四人家庭
2～3 個月的食用量
（鹽漬白菜 11～13kg）

主材料
白菜 4～5 顆
（約 11～13kg）
乾刺松藻 30g
蘿蔔 900g
梨子（中型）1 顆
珠蔥 100g
水芹 100g
芥菜 100g

老南瓜材料
老南瓜 700g
水 2 杯（300g）

糯米粥材料
糯米 100g
海鮮高湯 7 杯（1260g）

海鮮高湯材料
草蝦 500g
海鮮高湯 2 杯（360g）

醬料材料
辣椒粉 6 杯（600g）
蒜末 1 杯（200g）
薑末 4 大匙（40g）
花椒魚露 2 杯（480g）
蝦醬 1 杯（200g）

替代食材
草蝦 ▶ 明蝦

1 將老南瓜切半，挖籽，切成適中大小，以削皮器去皮。

2 鍋中放入水 2 杯和南瓜，以中火煮 20 分鐘。

大火容易燒焦，記得注意火候。

老南瓜的故事

南瓜的種類多元，主要分為綠皮的嫩南瓜與橘皮的老南瓜。春天播種後，夏天開出南瓜花後結果，此時是綠皮嫩南瓜，放置一段時間，等待體積增大，果皮轉為橘色，即為老南瓜。栗子南瓜為體型嬌小，表皮為深綠色。

3 取糯米 100g 浸泡
  3～4 小時，與海
  鮮高湯 7 杯共同烹
  煮。

4 備好糯米粥、煮熟
  南瓜、辣椒粉、蒜
  末、薑末、花椒魚
  露、蝦醬。

5 於鍋中加入海鮮高
  湯與草蝦，煮 10
  分鐘後放入攪拌機
  攪成泥。

6 乾刺松藻浸泡清水
  20 分鐘，並於水中
  洗 4～5 遍。

老古錐食品工房的秘方
刺松藻需切成末，否則
其彎曲的形狀似蟲，製
成泡菜後容易產生誤會，
因此務必細心切細或以
攪拌機打碎。

7 蘿蔔切絲，梨子去皮後切絲。

8 珠蔥、水芹、芥菜切3～4公分。

9 在蘿蔔絲內加入辣椒粉攪拌，加入所有醬料材料攪拌均勻。

10 最後放入珠蔥、水芹、芥菜拌勻，層層抹進鹽漬白菜間，放置於室溫2～3日後冷藏保存。

可食用
至隔年春天

白帶魚
白菜泡菜

加入白帶魚製作的泡菜由於含有腥味，因此無法製作完畢後直接食用，須靜置一個月後再食用。熟成後的泡菜，味道豐富有層次，單吃相當美味。也很適合放進泡菜湯燉煮，使湯品鮮美醇厚。熟成一個月的時間能使白帶魚發酵，肉質彈牙，散發自然海味，替白菜增添風味。白帶魚泡菜擁有愈經熟成愈美味的特徵，可放置到隔年春天，享受山海風味。

老古錐食品工房的秘方
由於白帶魚是垂釣上岸，處理時須注意嘴巴內是否殘留魚鉤。
抹醬料時，注意要平均分配白帶魚的量至每層白菜之間。

醃製方法

四人家庭一個月的食用量

主材料

白菜 2 顆（7kg 左右）
白帶魚（小型）2～3 尾
乾刺松藻 20g
蘿蔔 400g
梨子 1/2 顆
芥菜 150g
水芹 100g
珠蔥 100g

鹽漬材料

水 4L（4000g）
粗鹽 4 杯（640g）

糯米粥材料

糯米 80g
海鮮高湯 3 杯（540g）

醬料材料

辣椒粉 3 杯（300g）
蒜末 4 大匙（80g）
薑末 2 大匙（20g）
花椒魚露 10 大匙（100g）
蝦醬 5 大匙（100g）
白帶魚內臟醬 5 大匙（30g）

替代材料

花椒魚露 ▶ 玉筋魚魚露、
鯷魚魚露

1 白菜的底部劃四刀切至 1/3 左右的深度（* 參考 P.48 鹽漬白菜法）。

2 白菜放入鹽水（水 4L、粗鹽 4 杯）醃製 10～12 小時，清洗白菜後放於籃內晾乾水分（* 參考 P.48 鹽漬白菜法）。

3 糯米於水中浸泡 3 小時，將水濾乾後放入海鮮高湯，以中火熬煮 20 分鐘，過程以飯杓攪拌。

4 選小尾白帶魚，去除頭尾，刮除鱗片，切 0.7 公分的塊狀。

5 刺松藻於清水洗淨後切細。

6 將蘿蔔、梨子切絲，芥菜、水芹、珠蔥切 2～3 公分左右的段狀。

7 白帶魚、蘿蔔、梨子、芥菜、水芹、珠蔥、刺松藻、糯米粥、辣椒粉、蒜末、薑末、花椒魚露、蝦醬、白帶魚內臟醬加入容器內攪拌，層層抹進白菜，放進泡菜箱於室溫靜置 3 日左右後放進冷藏室。

白帶魚的故事

白帶魚分為外皮透出銀光的銀白帶魚和透出墨色的白帶魚，味道相近。市面有販售。晚秋初冬時為適合醃製、體型較小的白帶魚的盛產季節。建議挑選新鮮、嬌小的進行泡菜醃製。冷凍白帶魚腥味較重，不適合進行醃製。

可食用
至隔年春天

水蘿蔔泡菜

水蘿蔔泡菜為泡菜季之前可醃製的泡菜，選用男性拳頭大小的蘿蔔所製成。適合搭配冬至的紅豆粥和年糕湯一同食用。也可將水蘿蔔放進高湯熬煮，再放進一匙的芝麻，品嘗鮮美的蘿蔔湯。若欲防止水蘿蔔發霉，可折一些水銀竹放置其上，並用石頭重壓。

老古錐食品工房的秘方
先用粗鹽塗抹蘿蔔是為了讓蘿蔔湯水增添風味。刺松藻、芥菜、醃辣椒、蒜末、薑末等材料需放入棉袋後才能放入缸中，才能保持湯汁清澈。製作好的水蘿蔔應隨即放置冷藏室才能保鮮，增長食用期限。

醃製方法

四人家庭
一個月的食用量

主材料
蘿蔔 2.5kg
（一顆約 230g 左右）
粗鹽（去除鹵水）70g
珠蔥 100g
乾刺松藻 15g
小芥菜 100g
水芹 50g
梨子（中型）1 顆
水 5L（5000g）

醬料材料
蒜末 2 大匙（40g）
薑末 1/2 大匙（5g）

替代材料
珠蔥 ▶ 大蔥

蘿蔔的故事
建議選用體型較小、肉質扎實者，才能長久保持其爽脆口感。建議選用葉子新鮮翠綠，上方呈現綠色部分者較鮮甜。

1 蘿蔔去皮，去頭尾後洗淨。

2 抹上粗鹽，放入缸中。

3 珠蔥以方便入口的量捆成束，放進缸中，帶皮梨子洗淨後切半去籽，一同放入缸中。

4 將乾刺松藻浸泡20分鐘後切細。

5 刺松藻、小芥菜、水芹、蒜末、薑末放入麻布袋，束好封口，放入缸中。

6 水 5L 煮滾後放涼，倒入缸中，於室溫放置 15 日後，即可食用。

可食用
一個月左右

「媳婦，今年要買多少辣椒給妳啊？」
當婆婆在電話那頭這樣問到時，意表醃製泡菜的季節悄悄來臨。
婆婆在 625 戰爭後，落腳於忠清南道扶餘郡定居。
每當醃泡菜時，她總會向務農的街坊鄰居購買辣椒送給我。
我的菜園裡種有蘿蔔與白菜，因此無須擔心材料。

醃製的主角蔬菜們大多於初秋播種，初冬收成。
從前糧食不足時，總在楓葉轉紅之前醃製紫蘇葉泡菜，
自田園裡採收小蘿蔔與白菜，蘿蔔製成水泡菜，
白菜則用春天醃好的海鮮醃醬拌來食用。
還要記得鹽漬青辣椒，用於水蘿蔔泡菜。
自土壤內挖掘桔梗，備好老南瓜。
當氣溫驟降，颳起冷風時，
為了不讓白菜凍傷，記得要用稻草或麻繩綁起，
新鮮摘採的小蘿蔔可以製成水蘿蔔泡菜，
大蘿蔔可以當醃製泡菜用，也得小心不讓它受凍。
剩下的蘿蔔可以香甜爽脆的辣蘿蔔塊。

當凜冬覆蓋大地，溫度降至零下，則取白菜進行鹽漬的工作。
外葉無須丟棄，可用於覆蓋泡菜，一同鹽漬。
接下來則著手準備醃製的相關食材，
將糯米與海鮮高湯煮滾，辣椒粉與醬料拌勻，再放入蔬菜。
製作好的醬料均勻塗抹於鹽漬完畢的白菜，放入小缸中，
鋪上厚厚的白菜外皮，使冷風不滲進泡菜之內，
再來密封缸口，冷藏保存。
結束今年冬季的醃製作業後，讓人感覺心底無比踏實。

細細入味

秋季泡菜與
冬季泡菜

鹽漬秋季白菜

秋季採收的白菜由於葉片縫隙較大，取 5～6 顆鹽漬後大約為 10～12kg。鹽漬時間依當時氣溫調整。

四人家庭
一個月的食用量

材料
白菜 5～6 顆
　（10～12kg 左右）
水 9L（9000g）
粗鹽（天日鹽）
　10 杯（1600g）

老古錐食品工房的秘方
食鹽量愈多鹽漬的速度也愈快。

1 於 9L 的水放入 9 杯粗鹽，1 杯稍後使用。

2 白菜切對半。

3 再切大約 10 公分的深度。

4 白菜浸入鹽水後，放入另一乾淨的鋼盆。

5 所剩鹽水倒入白菜，並鹽漬 4 小時左右，再切成 1/4。

6 首次鹽漬後移至另一鋼盆，將未軟化的白菜（葉片縫隙）均勻抹上 1 杯的粗鹽。

7 將剩下的鹽水倒入，鹽漬 2 小時後用清水洗淨。

秋季
泡菜醬料

鹽漬白菜
10 ～ 12kg

醬料材料
糯米 1 杯（190g）
海鮮高湯約 9 杯
　　（1600g）
生草蝦（泥狀）
　　2 杯（300g）
蘿蔔 900g

水芹 100g
珠蔥 100g
芥菜 150g
乾刺松藻 30g
梨子（大型）1 顆
生黃魚（泥狀）
　　4 杯（880g）
辣椒粉 6 杯（600g）
蒜末 1 杯（200g）
薑末 4 大匙（40g）

花椒魚露 200g
蝦醬 1 杯（200g）
白帶魚內臟醬
　　1/2 杯（100g）
花椒鯷魚醬 100g

替代材料
草蝦 ▶ 明蝦

老古錐食品工房
的秘方

醬料內放入煮熟的黃魚和草蝦，可以增添自然鮮味。黃魚去頭，刮除內臟，切碎後抹在白菜間，能帶來濃郁風味。若將生草蝦打成泥放進泡菜，則使味道清爽可口。

草蝦與黃魚的故事

草蝦在入冬之前為產季，使用體型較大的草蝦醃製泡菜能比一般蝦子更加散發鮮味。黃魚擁有豐富的種類，醃製泡菜時多使用針黃魚，腹部呈黃色，大小適中，黃魚和草蝦所個別醃製出的泡菜，帶有不同的風味。

<u>1</u> 將糯米浸泡清水 3 ～ 4 小時，瀝乾水分。取海鮮高湯 7 杯以大火熬煮，滾起時轉小火，用飯杓攪拌，煮 20 分鐘後冷卻備用。

<u>2</u> 於鍋內放入草蝦或明蝦，與海鮮高湯 2 杯，煮 10 分鐘左右。

<u>3</u> 蘿蔔去皮，切成 4 ～ 5 公分的絲狀。

<u>4</u> 水芹、珠蔥、芥菜切成 2 ～ 3 公分的段狀。

<u>5</u> 乾刺松藻浸泡清水 20 ～ 30 分鐘，再
於流動的水清洗 5 ～ 6 遍後切細。

<u>6</u> 梨子切 2 ～ 3 公
分的段狀。

<u>7</u> 鍋內放入處理好
的黃魚，加入海
鮮高湯 4 杯，以
中火煮 30 分鐘。
再將煮好的黃魚
打成泥。

<u>8</u> 蘿蔔絲與辣椒粉
拌勻。

<u>9</u> 在⑧內放入蒜末、
薑末、花椒魚露、
蝦醬、白帶魚內
臟醬攪拌均勻。

<u>10</u> 糯米粥、草蝦、黃
魚泥混和攪拌。
將去皮去籽的梨
子絲放入後，輕
輕攪拌。

<u>11</u> 加入水芹、珠蔥、
芥菜、刺松藻攪
勻。

嫩白菜
泡菜

夏末在土裡撒下白菜種子，秋天左右可以摘
採嫩白菜。將稚嫩的白菜製成泡菜，能享用
如同青方泡菜般的口感。

老古錐食品工房的秘方
秋天醃製時可以食用至入冬。

醃製方法

四人家庭一個月的食用量

主材料
嫩白菜 3kg
粗鹽（天日鹽）1 杯（160g）
水 1 杯（150g）
洋蔥 1 顆
蘿蔔 500g
珠蔥 100g

醬料材料
辣椒粉 1 杯（100g）
蒜末 3 大匙（60g）
薑末 10 大匙（100g）
蝦醬 1/4 杯（50g）
花椒鯷魚醬
　　10 大匙（100g）
梅子醬 5 大匙（50g）
糯米粥 1 杯（200g）

替代材料
花椒鯷魚醬 ▶ 鯷魚魚露

1 將白菜的嫩根部切除嫩。

2 徒手或用刀具去除葉子頂端，再切對半。

3 清水洗淨嫩白菜，用粗鹽均勻塗抹每片葉子。

4 取水 1 杯均勻倒入嫩白菜，半小時後將白菜重新攪拌，再半小時後於清水洗淨，總共鹽漬 1 小時。

5 洗淨後放置 2 小時瀝乾水分。

6 將洋蔥與蘿蔔打成泥。

7 取辣椒粉、蒜末、薑
　末、蝦醬、花椒鯷魚
　醬、梅子醬、糯米粥
　備用。

8 珠蔥切2～3公分的
　段狀。

9 取大盆放入所有醬
　料與洋蔥蘿蔔泥，攪
　拌後放入珠蔥輕輕
　拌勻。

10 將醬料均勻塗抹至鹽
　漬好的嫩白菜，放入
　泡菜箱，於室溫放置
　3～4日後，冷藏保
　存。

可食用
50～60天

秋季嫩蘿蔔
水泡菜

嫩蘿蔔口感細緻柔軟，不加入辣椒粉，能讓
孩子開心食用。蘿蔔鹽漬過後不用清水洗
淨，直接醃製。

孩童享用 OK ！

老古錐食品工房的秘方
嫩蘿蔔只要將外皮洗淨，無須削皮也能食用。烹煮時容易起泡，建議
選用容量較大的鍋具。大人欲食用時可酌量添加辣椒粉。

醃製方法

四人家庭一個月的食用量

主材料
嫩蘿蔔 700g
粗鹽（天日鹽）40g
珠蔥 50g
蒜末 2 大匙（40g）
薑末 1 大匙（10g）
梨子 1 顆（350g）

麵粉糊材料
水（生水）1L（1000g）
麵粉 1 大匙（15g）

替代材料
麵粉 ▶ 飯、馬鈴薯

1 取大鍋加入水 1L 與麵粉 1 大匙，以飯杓攪拌，大火熬煮至煮沸後熄火冷卻。

2 嫩蘿蔔去皮洗淨後切半月形。

3 嫩蘿蔔撒上粗鹽，鹽漬 1 小時。

4 將珠蔥切成 2 公分的段狀。

5 取蒜末、薑末，備用。

6 榨取梨子汁，備用。

7 蒜末與薑末放進棉布袋，取大碗放入所有材料攪拌勻，放置泡菜箱 2 ～ 3 日後，冷藏保存。

秋季嫩蘿蔔的故事

8 月中旬的夏末，即是播種白菜與蘿蔔的時期。於秋季採收後可以製成泡菜，食用至入冬前後。

可食用
30 ～ 40 天

秋季水蘿蔔泡菜

秋季蘿蔔可保留蘿蔔葉，如此一來可增添清爽口感。孩童時期的我，總在秋收時，將烤好的地瓜與水蘿蔔一齊享用，享受美好的秋日風味。

老古錐食品工房的秘方

秋季水蘿蔔泡菜與冬季水蘿蔔泡菜不同，建議醃製好後盡速食用，若是沒有壓板，可用石塊或盛滿水的玻璃容器重壓。在棉布袋裡倒入辣椒籽一同醃製，可享用辛辣爽口的水蘿蔔泡菜。

四人家庭一個月的食用量

主材料
秋季蘿蔔 1.5kg
粗鹽（天日鹽）50g
水 3.5L（3500g）
梨子（中型）1 顆
珠蔥 100g
小芥菜 100g
蒜末 1 又 1/2 大匙（30g）
薑末 2 大匙（20g）
乾刺松藻 10g

替代材料
珠蔥 ▶ 大蔥

1 蘿蔔帶皮切塊，灑粗鹽後鹽漬一天左右。

2 鍋中放水，煮滾後冷卻。

3 梨子洗淨削皮，切成 16 等分。

4 珠蔥與小芥菜切成 6～7 公分的段狀，裝入棉布袋後再倒入蒜末與薑末。

5 刺松藻於冷水浸泡 30 分鐘，用流動的清水洗 4～5 遍。

6 泡菜箱內放入材料與煮滾的水。放壓板後闔蓋，放置室溫 4～5 日後，冷藏保存。

可食用
50～60 天

秋季嫩蘿蔔
辣泡菜

每個地區與季節的嫩蘿蔔有著不同的形狀，難以定義哪種嫩蘿蔔的優缺。但依照長久醃製泡菜的經驗而論，運用當季盛產的新鮮材料製作泡菜，永遠是最棒的選擇。

老古錐食品工房的秘方
依據天氣的不同，於室溫放置 4～5 日左右後食用為最佳。
也可放入鰻魚粉提味。

醃製方法

四人家庭一個月的食用量

主材料
嫩蘿蔔 2 袋
（3.2kg 左右）
珠蔥 100g

主材料
辣椒粉 1 杯（100g）
蒜末 3 大匙（60g）
薑末 1 大匙（10g）
花椒魚露 9 大匙（90g）
蝦醬 6 大匙（120g）
梅子醬 6 大匙（60g）
糯米粥 2 杯（400g）

鹽漬材料
水 1L（1000g）
粗鹽（天日鹽）
1 又 1/2 杯（240g）

_1_ 蘿蔔上枯黃的葉子剃除，切去根部，將頭部於葉莖部分整理乾淨。

_2_ 削除外皮。

_3_ 粗鹽 1 又 1/2 杯放入水 1L 中溶解。

_4_ 蘿蔔置於鹽水內，鹽漬 1 小時 30 分鐘。

_5_ 確認是否浸泡完全，上下翻面後繼續鹽漬 1 小時 30 分鐘。

_6_ 試著彎曲莖部，若尚未變軟則繼續鹽漬。

_7_ 清水洗淨，瀝乾
水分 30 分鐘至
1 小時。

_8_ 切成 4 等分。

_9_ 珠蔥切成 3 公分
的段狀。

_10_ 取辣椒粉、蒜末、
薑末、花椒魚露、
蝦醬、梅子醬、
糯米粥，調製為
醬料。

_11_ 取一大碗放入
醬料，爾後放入
珠蔥，再將醬料
均勻塗抹至嫩
蘿蔔，放置泡菜
箱。

可食用
30～40 天

辣味娃娃菜
水泡菜

加入黃豆的辣味娃娃菜水泡菜，由於運用豐
富食材，作法較繁複，卻是道營養滿分的泡
菜，熟成後香氣四溢，富含層次感。

老古錐食品工房的秘方
若是沒有大缸，也可使用家中的泡菜箱進行熟成。

醃製方法

60 人份

主材料

娃娃菜 5 顆
黃豆 30g
芥菜 100g
梨子 500g
蘿蔔（大型）1 顆
珠蔥 100g
粗鹽（天日鹽）30g
洋蔥 1 顆

鹽漬材料

水 4L（4000g）
粗鹽 4 杯（640g）

醬料材料

辣椒粉 1/2 杯（50g）
蒜末 3 大匙（60g）
薑末 1 大匙（10g）
花椒魚露
    10 大匙（100g）
蝦醬 2 大匙（40g）
飯 1 大匙（50g）
生水 2 杯（300g）

海鮮高湯材料

昆布 40g
乾香菇 30g
蘋果 2 個
水 3L

* 鹽漬娃娃菜可參考 P.176。
若是娃娃菜的量過多，也可
減半使用。

_1_ 黃豆於水中浸泡 5～6 小時，煮熟後冷卻，放進攪拌機打成泥。於鍋中加入海鮮高湯的所有材料，以中火熬煮 20 分鐘，煮後冷卻。

_2_ 芥菜、蘿蔔、梨子、珠蔥洗淨後備用。

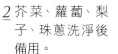

_3_ 蘿蔔切成厚片半月型。

_4_ 蘿蔔撒上粗鹽 4 杯，加入水 4L，鹽漬 1 小時。

_5_ 醬料過濾袋中加入辣椒粉、蒜末、薑末，再倒入煮好冷卻的海鮮高湯。

_6_ 洋蔥、梨子打成
　泥後也一同加入
　袋中過濾。

_7_ 飯 1 大匙與生水
　2 杯打成泥後也
　放入袋中過濾。

_8_ 放入花椒魚露、
　蝦醬、食鹽，進
　行調味。

_9_ 於缸中以娃娃菜、蘿蔔、娃娃菜、蘿蔔、
　芥菜、珠蔥、娃娃菜、蘿蔔，依序放入。

_10_ 倒入醬汁。

_11_ 最上方放置芥菜。

_12_ 再放上醬料過濾
　袋，用石頭重壓。

_13_ 蓋上塑膠袋，以橡皮筋束緊側邊，放置
　陰涼處 10 日後即可食用。

可食用 1 週
至 40 日左右

珠蔥
泡菜

春夏兩季盛產珠蔥。因此在秋季醃製泡菜之前，事先準備好珠蔥泡菜，則無須擔心餐桌上小菜短缺的問題。

老古錐食品工房的秘方
珠蔥泡菜無論馬上食用或熟成後食用，皆相當美味。初春所採收的蔥稱為黃蔥，味美多汁，具有甜味。

醃製方法

四人家庭約 15 天的食用量

主材料
珠蔥 1kg

醬料材料
辣椒粉 140g
生薑汁 1 大匙（10g）
蝦醬 3 大匙（60g）
花椒鰻魚醬 100g
梅子醬 3 大匙（30g）
芝麻 4 大匙（20g）

1 珠蔥清洗過後，瀝乾水分。

2 加入花椒鰻魚醬與蝦醬攪拌。先使其均勻塗抹於蔥白，之後再用剩餘的醬料抹在蔥綠之處。

珠蔥的故事

珠蔥根部較圓，稍微彎曲。細蔥則是成筆直的一字型。珠蔥挑選時注意葉綠部分柔軟，根部不過大，整體大小適中為佳。

3 碗內放入辣椒粉、生薑汁、梅子醬、芝麻，拌勻。

4 將醬料全數放進後攪拌，將珠蔥放入泡菜箱內隨即冷藏。

可食用
20 ～ 40 日左右

秋季
韭菜泡菜

秋季採收的韭菜水分較低，因此製作醬料時，可選用榨汁後的洋蔥與蘋果，增加濕潤的口感。糯米粥也可煮得軟爛些，會更好吃。韭菜泡菜可以直接食用，也可熟成後享受另一種風味。

醃製方法

30 人份

主材料
韭菜 500g
紅蘿蔔 1 根（150g）
蝦醬 1 大匙（20g）
花椒鰻魚醬
　　4 大匙（40g）
生薑汁 1/2 大匙（5g）
辣椒粉 50g
洋蔥 1 顆（190g）
芝麻 4 大匙（20g）

替代材料
花椒鰻魚醬 ▶ 花椒魚
露、鰻魚魚露

1 韭菜清洗過後，
切成 4～5 公分
的段狀。

2 紅蘿蔔去皮切絲。

3 取蝦醬、花椒鰻
魚醬、生薑汁備
用。

4 取辣椒粉備用。

5 洋蔥磨成泥。

6 取一大碗，將所
有材料置入後攪
拌均勻。

7 最後加入芝麻，
輕輕拌勻，爾後
放進泡菜箱，冷
藏保存。

可食用
10～40 日左右

娃娃菜
水泡菜

娃娃菜相較於包菜白菜更為細嫩，因此得其名。其體型較小，沒有綠葉，菜心柔軟，富含香氣。體型小，貯藏、處理皆方便，因此常用於製作水泡菜、涼拌、包菜等廣泛的料理用途。

孩童享用 OK ！

老古錐食品工房的秘方
此道食譜加入蘋果，增添爽脆口感。
娃娃菜一年四季皆能於超市或市場購買。

醃製方法

四人家庭一個月的食用量

主材料
娃娃菜 500g
　（大約 1 顆）
粗鹽（天日鹽）30g
蘿蔔 500g
蘋果 2 顆
珠蔥 50g
蒜末 1 大匙（20g）
薑末 1 小匙（7g）
梨子 1/2 顆

麵粉糊材料
水 1L（1000g）
麵粉 1 大匙（15g）

替代材料
麵粉 ▶ 馬鈴薯、飯

1 娃娃菜洗淨後，以粗鹽鹽漬 1 小時，再用清水洗淨。

2 鍋中放入水 1L、麵粉，以中火熬煮，煮滾後熄火冷卻。

3 鹽漬好的娃娃菜切成 1.5 公分的正方塊。

4 蘿蔔切成長寬 1 公分，厚 0.5 公分的正方塊。

5 蘋果切成長寬 1 公分，厚 0.5 公分的正方塊。

6 珠蔥切成 0.5 公分的段狀。

7 取蒜末與薑末放入棉布袋備用。

8 梨子榨汁備用。

9 取一大碗，放入所有材料和珠蔥及麵粉糊，放進泡菜箱，放置室溫 2 ～ 3 日後，冷藏保存。

可食用
10 ～ 40 日左右

娃娃菜
蘿蔔水泡菜

由於娃娃菜口感軟嫩又帶爽脆，很受小朋友的歡迎。此道水泡菜也可放入梨子，替湯頭注入清甜滋味，讓孩子們愛不釋手。

孩童享用 OK！

醃製方法

20 人份

主材料
娃娃菜 1 顆
蘿蔔 500g
粗鹽（天日鹽）15g
梨子（大型）1 顆
蘋果 1/2 顆
洋蔥 1/2 顆
芥菜 30g
珠蔥 30g
水芹 30g

醬料材料
蒜末 1 又 1/2 大匙
　（30g）
薑末 1 大匙（10g）
花椒魚露 50g

高湯材料
水（生水）1L（1000g）
冷飯 60g

替代材料
冷飯 ▶ 麵粉糊

1 娃娃菜與蘿蔔切成長寬 2 公分的丁狀。

2 娃娃菜與蘿蔔撒上粗鹽，鹽漬 1 小時左右，不用清水洗淨。

3 將水 1L 與冷飯用攪拌機打細，倒入娃娃菜與蘿蔔內。

4 梨子、蘋果、洋蔥於攪拌機打細後，與蒜末、薑末一同放入棉布袋取汁。

5 芥菜、珠蔥、水芹切成 4～5 公分的段，放入盆中，倒入花椒魚露。

6 將所有材料與棉布袋放入泡菜箱。

7 蓋上壓板後隨即冷藏保存。

可食用
5～30 日左右

冬季營養
白泡菜

白泡菜不放辣椒粉，醃製後呈現清澈湯汁，因此得名。沒有辣椒粉的辛辣味，整體口感清爽甘甜，不僅男女老少皆宜，就連外國人士也能安心食用的一道菜餚。

孩童享用 OK ！

老古錐食品工房的秘方
加入豐富材料的白泡菜，爽口又美味。
由於白泡菜容易發酵，建議少量多次醃製，確保新鮮。

醃製方法

四人家庭一個月的食用量

主材料
白菜 2 顆（7kg 左右）
蘿蔔 500g
芥菜 100g
水芹 100g
珠蔥 100g
栗子 200g
紅棗 50g
梨子 1 顆

鹽漬材料
水 4L（4000g）
粗鹽 4 杯（640g）

糯米粥材料
糯米 100g
海鮮高湯 5 杯（900g）

醬料材料
乾刺松藻 20g
蝦醬 1 杯（200g）
蒜末 4 大匙（80g）
薑末 1 大匙（10g）
花椒魚露 5 大匙（50g）

替代材料
花椒魚露 ▶ 玉筋魚魚露

* 若是將蘿蔔磨成泥使用，將醃製出清爽的湯汁。

白泡菜的故事
小時候所吃的白泡菜，沒有其他的材料，僅以大蒜與生薑醃製，口味較鹹香，記得能和家人一同開心食用至隔年春天。

1 從白菜的底部劃四刀，切至 1/3 左右的深度（* 參考 P.48 鹽漬白菜法）。

2 白菜放入鹽水（水4L、粗鹽 4 杯）醃製 8～9 小時，然後瀝乾水分（* 參考 P.48 鹽漬白菜法）。

3 乾刺松藻浸泡 20 分鐘，洗淨後切細。

4 蘿蔔切絲，芥菜、水芹、珠蔥切成 2～3 公分的段狀。栗子、紅棗、梨子切細絲，置於大碗中。糯米用壓力鍋煮成粥，冷卻後與蝦醬一併倒入。

5 醬料裡放入刺松藻、蒜末、薑末、花椒魚露，攪拌。

6 均勻抹在每片白菜上，放入泡菜箱，於室溫熟成 2～3 日後，即可冷藏保存。

可食用
兩個月左右

牡蠣
白菜泡菜

牡蠣泡菜味道清爽，帶有天然海味。牡蠣稱之為海洋的牛奶，廣泛使用於各式料理。例如牡蠣湯、牡蠣年糕湯、牡蠣煎餅、涼拌牡蠣等，能替整體菜餚增添鮮美滋味。

老古錐食品工房的秘方
新鮮的牡蠣肉質有彈性，黑色線條愈清晰代表愈新鮮。

醃製方法

四人家庭一個月的食用量

主材料
白菜 2 顆（7kg 左右）
生牡蠣 500g
蘿蔔 1/3 個（400g）
梨子 1/2 個
芥菜 100g
水芹 50g
珠蔥 50g

鹽漬材料
水 4L（4000g）
粗鹽 4 杯（640g）

糯米粥材料
糯米 100g
海鮮高湯 4 杯（720g）

醬料材料
辣椒粉 4 杯（400g）
蒜末 4 大匙（80g）
薑末 2 大匙（20g）
花椒魚露 10 大匙（100g）
蝦醬 5 大匙（100g）

替代材料
花椒魚露 ▶ 鯷魚魚露、玉筋魚魚露
梨子 ▶ 有機砂糖、梅子醬

1 白菜的底部劃四刀，切至 1/3 左右的深度（*參考 P.48 鹽漬白菜法）。

2 白菜放入鹽水（水 4L、粗鹽 4 杯）醃製 8～9 小時，然後瀝乾水分（*參考 P.48 鹽漬白菜法）。

3 牡蠣用淡鹽水洗淨後瀝乾。蘿蔔、梨子切絲，芥菜、水芹、珠蔥切成 2～3 公分的絲備用。

4 熬煮糯米粥後冷卻，將辣椒粉、蒜末、薑末、花椒魚露、蝦醬放入後攪勻。

5 取一大碗，倒入糯米粥與醬料。將蘿蔔絲、梨子絲、芥菜、水芹、珠蔥、牡蠣，全數放入攪拌。

6 將攪拌好的醬料均勻塗抹於白菜，可直接食用，也可置於室溫熟成 2 日左右後，放入冷藏室保存。

生牡蠣與白菜的故事

稱為海洋之牛奶的牡蠣，自古為進貢給皇帝的珍貴海鮮。現今多以養殖產出，因此輕易能購買。醃製泡菜季所採收的白菜結實，水分較低，富含甜味。從入冬至初春的這段期間可用新鮮的牡蠣醃製泡菜，享用當季的鮮美滋味。

可食用一個月左右

紅柿白菜泡菜

將紅柿放入泡菜，可品嘗富含韻味的特別口感。紅柿泡菜結合了紅柿的香甜與白菜的爽脆，交織出清爽的特色風味。紅柿可用於沙拉醬汁，也可與蘿蔔絲涼拌食用。醃製辣蘿蔔塊時也可加入調味。可在晚秋時將紅柿冰於冷凍室，當夏季來臨時可品嘗冰涼的紅柿，或榨成紅柿汁。

老古錐食品工房的秘方
紅柿白菜泡菜由於發酵較快，應盡速食用。
紅柿也可做成柿子醋，味道芳醇。

醃製方法

四人家庭一個月的食用量

主材料
白菜 2 顆（7kg 左右）
紅柿 2 顆
蘿蔔 1/2 顆（600g 左右）
芥菜 100g
水芹 70g
珠蔥 70g

鹽漬材料
水 4L（4000g）
粗鹽 4 杯（640g）

糯米粥材料
糯米 100g
海鮮高湯 4 杯（720g）

醬料材料
辣椒粉 3 杯（300g）
蒜末 4 大匙（80g）
薑末 2 大匙（20g）
花椒魚露 1 杯（240g）
蝦醬 150g

替代材料
花椒魚露 ▶ 鯷魚魚露、
玉筋魚魚露

1 從白菜的底部劃四刀，切至 1/3 左右的深度（＊參考 P.48 鹽漬白菜法）。

2 白菜放入鹽水（水 4L、粗鹽 4 杯）醃製 8～9 小時，然後瀝乾水分（＊參考 P.48 鹽漬白菜法）。

3 糯米浸泡於清水 3 個小時後，瀝乾，倒入海鮮高湯以飯杓攪拌，再以中火熬煮 20 分鐘後冷卻。

4 剝除紅柿的外皮、去籽，搗碎備用。

5 蘿蔔切絲，芥菜、水芹、珠蔥切 2～3 公分的段狀，置於大碗內，放入紅柿泥。

6 放入辣椒粉、蒜末、薑末、花椒魚露、蝦醬攪拌，均勻塗抹於白菜間，隨後放進泡菜箱，室溫熟成 2 日後，放進冷藏室保存。

紅柿的故事
柿子有「扁柿」、「甜柿」、「土種柿」、「大封柿」、「桂柿」等許多品種。扁柿無籽，土種柿外型如偏圓的扁柿，大封柿體積最大，桂柿則體積小，形似紅棗。柿子熟透前味道較澀，甜柿則是結實無澀味。醃製泡菜大多選用土種柿或大封柿尤佳。

可食用
一個月左右

紅棗
白菜泡菜

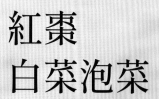

紅棗白菜泡菜愈經熟成，愈能顯現出紅棗特有的甘醇滋味。紅棗性溫，醃製泡菜後可以隨即食用。紅棗可以製成茶品、年糕、養生飯等豐富料理。

老古錐食品工房的秘方
紅棗本身已有甜味，因此無須放入梅子或梨子。

醃製方法

四人家庭一個月的食用量

主材料

白菜 2 顆（7kg 左右）
蘿蔔 1/2 顆（600g 左右）
芥菜 100g
水芹 70g
珠蔥 70g

鹽漬材料

水 4L（4000g）
粗鹽 4 杯（640g）

糯米粥材料

糯米 100g
海鮮高湯 4 杯（720g）
紅棗 150g

醬料材料

辣椒粉 3 杯（300g）
花椒魚露 1 杯（240g）
蝦醬 150g
蒜末 4 大匙（80g）
薑末 2 大匙（20g）

替代材料

花椒魚露 ▶ 玉筋魚魚露、
鯷魚魚露

紅棗的故事

表皮乾淨，散發光澤為佳，
成熟的紅棗顏色鮮紅，皺褶
較細，食用前先沖洗。

1 糯米浸泡於清水 3 個小時後瀝乾，倒入海鮮高湯，再加入去籽的紅棗，以飯勺攪拌，再以中火熬煮 20 分鐘後冷卻備用，也可用壓力鍋熬煮。

2 從白菜的底部劃四刀，切至 1/3 左右的深度（*參考 P.48 鹽漬白菜法）。

3 白菜放入鹽水（水 4L、粗鹽 4 杯）醃製 8～9 小時，然後瀝乾水分（*參考 P.48 鹽漬白菜法）。

4 蘿蔔切絲，取一大碗與紅棗糯米粥一同攪拌。

5 芥菜、水芹、珠切 2～3 公分的段狀，加入④並且倒入辣椒粉、花椒魚露、蝦醬、蒜末、薑末後拌勻。

6 於白菜間塗抹醬料，置於室溫熟成 4～5 日後，冷藏保存。

可食用一個月左右

羊棲菜
白菜泡菜

羊棲菜可以取代海鮮，替料理增添清爽的滋味。新鮮的羊棲菜可以汆燙後醃製，但若是使用新鮮的羊棲菜，則更能突顯鮮美海味。帶有鮮味的羊棲菜可以曬乾食用，也可用製成羊棲菜飯、涼拌羊棲菜等豐富的料理變化。

老古錐食品工房的秘方
乾燥的羊棲菜無法與泡菜完全貼合。

醃製方法

四人家庭一個月的食用量

主材料

白菜 2 顆（7kg 左右）
蘿蔔 1/2 顆（500g 左右）
梨子 1 顆
水芹 50g
珠蔥 50g
新鮮羊棲菜 300g

鹽漬材料

水 4L（4000g）
粗鹽 4 杯（640g）

糯米粥材料

糯米 100g
海鮮高湯 3 杯（540g）

醬料材料

辣椒粉 4 杯（400g）
蒜末 4 大匙（80g）
薑末 2 大匙（20g）
花椒魚露 1 杯（240g）
花椒鰻魚醬（220g）

替代材料

花椒魚露 ▶ 玉筋魚魚露
花椒鰻魚醬 ▶ 鰻魚魚露

羊棲菜的故事

羊棲菜稱為海洋的補品，外型如毛栗，相當細長。有生羊棲菜與乾燥的羊棲菜，醃製泡菜時使用生羊棲菜，香氣更濃郁。

1 從白菜底部劃四刀，切至 1/3 左右的深度（*參考 P.48 鹽漬白菜法）。

2 白菜放入鹽水（水4L、粗鹽 4 杯）醃製 8～9 小時，然後瀝乾水分（*參考 P.48 鹽漬白菜法）。

3 糯米浸泡於清水3 個小時後瀝乾，倒入海鮮高湯，煮沸後以飯杓攪拌，再以中火熬煮 20 分鐘後冷卻備用。

4 蘿蔔與梨子切絲，水芹和珠蔥切成 2～3 公分的段狀。

5 取一大碗，放入蘿蔔、梨子、水芹、珠蔥、糯米粥、辣椒粉、蒜末、薑末、花椒魚露、花椒鰻魚醬。羊棲菜於流動的水清洗後瀝乾，切成 3～4 公分的長度，加入攪拌均勻。

6 將醬料塗抹於白菜，放置室溫熟成 2～3 日後，可冷藏保存。

可食用
一個月左右

青方白菜泡菜

鮮嫩的青方泡菜帶有高雅的風味。不過
青方白菜雖屬嫩白菜，卻不會過於柔軟，
仍保爽脆度。慶尚道地區的餐桌常見青
方白菜的料理，青方白菜泡菜適合加入
味道豐美的花椒鰻魚醬及辛辣的辣椒。

老古錐食品工房的秘方
青方白菜泡菜不使用辣椒粉，改用現磨的紅辣椒的話將更顯甜味。
將珠蔥切短段加入醬料混和，將有不同的口感與風味。

醃製方法

20 人份

主材料
青方白菜 2kg
蘿蔔（磨泥）300g

鹽漬材料
水 1L（1000g）
粗鹽 1 杯（160g）

糯米粥材料
糯米粉 4 大匙（100g）
海鮮高湯 1 杯（180g）

醬料材料
辣椒粉 1 杯（100g）
蒜末 3 大匙（60g）
薑末 1 大匙（10g）
花椒魚露 7 大匙（70g）
蝦醬 2 大匙（40g）
梅子醬 2 大匙（20g）

替代材料
花椒魚露 ▶ 玉筋魚於
露、鯷魚魚露

青方白菜的故事
青方白菜為夏末播種，
入冬之前收成。與專門
醃製泡菜的白菜有著些
許不同，菜心有縫隙，
呈黃色，外葉翠綠。

_1_ 剝去外葉，切對半。

_2_ 水 1L 加入粗鹽 1 杯，溶解後放入白菜醃製 1 小時，翻面後再醃製 1 小時，之後用清水洗淨瀝乾。

_3_ 蘿蔔磨成泥。

_4_ 取煮好冷卻完的糯米糊與蘿蔔泥備用。

_5_ 蘿蔔泥、糯米糊、辣椒粉、蒜末、薑末、花椒魚露、蝦醬、梅子醬拌勻。

_6_ 將醬料輕抹於白菜，置於泡菜箱，放置室溫熟成 1 日後，冷藏保存。

可食用
一個月左右

冬季
辣蘿蔔塊

醃製冬季辣蘿蔔塊時，由於冬季採收的蘿蔔
又脆又甜，無須鹽漬即可醃製，可保留爽脆
口感。將醃製泡菜後所剩的蘿蔔用來做辣蘿
蔔塊，也是很棒的滋味。

老古錐食品工房的秘方
冬季蘿蔔帶有特殊甜味，無須鹽漬。
可用糯米粥取代糯米粉。

醃製方法

10 人份

主材料
蘿蔔（小型）1 顆
　　（1.5kg 左右）
梨子 1/2 顆
芥菜 30g
水芹 30g
珠蔥 30g

糯米糊材料
水 1 杯（150g）
糯米粉 2 大匙（50g）

醬料材料
辣椒粉 4 大匙（40g）
蒜末 1 又 1/2 大匙（30g）
薑末 1 大匙（10g）
蝦醬 2 大匙（40g）
食鹽 20g

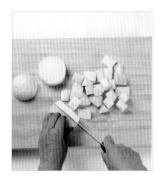

1 蘿蔔帶皮洗淨，切成小塊，梨子榨汁備用。

2 熬煮糯米糊。

3 將芥菜、水芹、珠蔥切 2～3 公分的段狀。梨子汁、糯米糊、辣椒粉、蒜末、薑末、蝦醬和食鹽攪拌均勻。放進蘿蔔後攪拌，放入泡菜箱，於室溫熟成 2～3日後，冷藏保存。

醃製泡菜用蘿蔔的故事
此種蘿蔔尾端圓潤，帶有新鮮的蘿蔔葉者尤佳。前端綠色部分多，代表甜味重，種植於黃土者為佳。

可食用
一個月左右

099

小芥菜
泡菜

最近在市場或超市皆能找到小芥菜,通常一年收成兩次,春季一次,秋季一次,將春秋兩季的大自然作物醃製成美味的泡菜。

老古錐食品工房的秘方
芥菜類的泡菜需熟成,否則芥菜的辣味較強烈。

醃製方法

四人家庭一個月的食用量

主材料
小芥菜 3 把（3kg）
蘿蔔 500g
洋蔥 2 顆
梨子 1 顆
珠蔥 1 把

醬料材料
辣椒粉 2 杯（200g）
蒜末 3/4 杯（150g）
薑末 2 大匙（20g）
蝦醬 1/4 杯（50g）
花椒鯷魚醬 200g
糯米粥 2 杯（400g）

鹽漬材料
水 5L（5000g）
粗鹽（天日鹽）4 杯（640g）

替代材料
梨子 ▶ 蘋果

小芥菜的故事
芥菜分為小芥菜、紅芥菜、突山芥菜。小芥菜與紅芥菜常用於醃製泡菜的醬料，也可作為泡菜的主角。

1 小芥菜去除黃色葉子，洗淨備用。

2 水 5L 加入粗鹽 3 杯，調勻備用。

3 小芥菜放入鹽水中，全部沾勻鹽水後，用一杯的食鹽塗抹於根部。

4 醃製 2 小時，上下翻面醃製，確保所有小芥菜完整浸漬。

5 醃製 3 小時後以清水沖洗 3～4遍，晾乾 4～5 小時。

6 蘿蔔、洋蔥、梨子去皮磨泥。

7 珠蔥洗淨備用。

8 取一大碗，加入辣椒粉、蒜末、薑末、蝦醬、花椒鯷魚醬、糯米粥、蘿蔔泥、梨子泥、洋蔥泥，攪拌均勻。

9 放入小芥菜與珠蔥攪拌後，放進泡菜箱。於室溫熟成一週後，冷藏保存。

可食用
15 ～ 70 日左右

苦菜泡菜

秋天採收的苦菜可鹽漬 4 ～ 5 日，藉以去除
苦味。雖然鹽漬後仍留有部分苦味，但細微
的苦味反而能增加食慾。是秋季的特色風味
之一。

老古錐食品工房的秘方

將秋天採收的苦菜鹽漬後，整個冬天皆能食用。

醃製方法

四人家庭一個月的食用量

主材料
苦菜（處理後）1.3kg
珠蔥 100g
芝麻 6 大匙（30g）

鹽漬材料
水 2L（2000g）
粗鹽（天日鹽）1 杯（160g）

醬料材料
辣椒粉 1 杯（100g）
蒜末 2 又 1/2 大匙（50g）
薑末 1 大匙（10g）
花椒鯷魚醬 5 大匙（50g）
梅子醬 70g
糯米粥 1/2 杯（100g）

替代材料
花椒鯷魚醬 ▶ 花椒魚露、
鯷魚魚露

苦菜的故事
苦菜含有稱為天然胰島素的菊粉，可有效抑制血糖。

  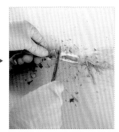

1 將枯黃的葉子摘除。

2 並去除後皮與根部。

3 水 2L 加入粗鹽 1 杯，調勻後放入苦菜，爾後放上壓板，鹽漬 2～3 日。

4 鹽漬 2～3 日的苦菜。

5 於清水洗淨，切成方便入口的大小。珠蔥也切成 4～5 公分的段狀。

6 辣椒粉、蒜末、薑末、花椒鯷魚醬、梅子醬、糯米粥、芝麻等醬料材料放入大碗，再將珠蔥放入攪拌，放入苦菜，最後撒上芝麻。

可食用
5～30 日左右

冬季嫩蘿蔔
辣泡菜

嫩蘿蔔依據地區不同，又稱「蛋型蘿蔔」、「小夥子蘿蔔」、「珠蘿蔔」。醃製泡菜季節所摘採的嫩蘿蔔，果肉飽滿，具有天然甜味與爽脆口感，保存期限較長。

老古錐食品工房的秘方
醃製嫩蘿蔔時須整顆鹽漬，才能維持其甜味與口感。

醃製方法

四人家庭一個月的食用量

主材料
嫩蘿蔔 2 袋（約 20 顆）
梨子 1 顆
珠蔥 100g

醬料材料
辣椒粉 12 大匙（120g）
蒜末 2 大匙（40g）
薑末 1/2 大匙（5g）
花椒魚露 5 大匙（50g）
蝦醬 4 大匙（80g）
糯米粥 2 杯（400g）

鹽漬材料
生水 5 杯（750g）
粗鹽 1 杯（160g）

替代材料
花椒魚露 ▶ 玉筋魚魚露
梨子 ▶ 梅子醬

* 若依本食譜醃製，可以醃出外型漂亮，食用期間長的嫩蘿蔔泡菜。

TIPS

<步驟 4＞彎曲蘿蔔葉時成柔軟有彈性，不立即折斷則代表鹽漬完成。

1 剝除過長葉子，修整葉形，削皮洗淨。

2 取一大盆，放入生水和粗鹽，調和後放入嫩蘿蔔醃製 2 小時。

3 1 小時過後上下翻面。

4 再經過 1 小時，放進水裡清洗，瀝乾水分。

5 嫩蘿蔔尾端劃上十字，注意別將整顆蘿蔔剖半。

6 取一大碗，加入辣椒粉、蒜末、薑末、花椒魚露、蝦醬、糯米粥。

7 梨子去皮切絲，珠蔥切成 2 公分的段狀，放入碗中。

8 將醬料均勻抹在嫩蘿蔔，並用蘿蔔葉捲起，放置室溫熟成 10 日後，冷藏保存。

可食用
10 ～ 60 日左右

西瓜蘿蔔
泡菜

西瓜蘿蔔擁有抗氧化成分與大量的膳食纖維，有效降血糖。豐富的維生素與礦物質能促進血液循環，防止老化。可為成長期的孩子補充所需營養，為一道清爽可口，適合孩子食用的泡菜。

孩童享用 OK ！

老古錐食品工房的秘方
本食譜所製成的量較多，可依個人所需調整材料使用量。
也可依據家中孩子方便入口的大小，將蘿蔔切細。

醃製方法

20 人份

主材料
西瓜蘿蔔 5 顆（1.9kg）
梨子 1/2 顆
蘋果 1/2 顆
珠蔥 100g

醬料材料
蒜末 2 大匙（40g）
薑末 1 大匙（10g）
花椒魚露 3 大匙（30g）
蝦醬 1 又 1/2 大匙（30g）
糯米粥 1 杯（200g）
食鹽 15g

1 西瓜蘿蔔去皮。

2 西瓜蘿蔔切成孩童方便
食用的大小。

3 梨子、蘋果切小塊，珠
蔥切碎。

4 蒜末、薑末、花椒魚露、
蝦醬、糯米粥備用。

西瓜蘿蔔水泡菜
西瓜蘿蔔外表形似一般蘿
蔔，內裡如西瓜般呈現紅色，
因此得名。肉質比起一般蘿
蔔結實，甜度較低。

5 取一大碗將所有醬料材料放入，
試味後放入食鹽。再將西瓜蘿
蔔、梨子、蘋果、珠蔥放入攪拌
均勻。最後放入泡菜箱，隨即
可以冷藏保存。

可食用
10 ～ 40 日左右

西瓜蘿蔔
水泡菜

西瓜蘿蔔外表形似一般蘿蔔，內裡如西瓜般呈現紅色，因此得名。肉質比起一般蘿蔔結實，甜度較低。

孩童享用 OK！

老古錐食品工房的秘方
孩子們吃的泡菜，比起使用麵粉糊製作，更適合使用白粥、馬鈴薯糊、麥糊等。

醃製方法

20 人份

主材料
西瓜蘿蔔 1 顆
娃娃菜 1/2 顆
粗鹽（天日鹽）20g
珠蔥 100g
水芹 100g

白粥材料
生水 1L（1000g）
白飯 2 大匙（100g）

醬料材料
蒜末 2 大匙（40g）
薑末 1 大匙（10g）
花椒魚露 3 大匙（30g）

1 西瓜蘿蔔洗淨後
　　去皮，切小塊。

2 娃娃菜洗淨，切
　　小塊。

3 取一大碗，放入
　　西瓜蘿蔔、娃娃
　　菜，並放入粗鹽
　　鹽漬 1 小時。

4 將珠蔥、水芹切
　　3～4 公分的段
　　狀，放入大碗中。

5 蒜末、薑末放入
　　棉布袋，放入大
　　碗中。

6 生水與白飯放
　　入攪拌機打勻，
　　倒入⑤，混和均
　　勻。

7 放入泡菜箱，壓
　　上壓板，於室溫
　　熟成 5～6 天後，
　　冷藏保存。

可食用
5～30 日左右

西瓜蘿蔔
拌辣椒籽

西瓜蘿蔔可如水果般切取食用，也可涼拌或作成水蘿蔔等豐富的料理。將西瓜蘿蔔拌入辣椒籽，蔬菜的甜味與辣椒的辣感相互突顯，交織為一道開胃泡菜。

老古錐食品工房的秘方
蘿蔔本身帶有甜味，醃製後可立即食用。

醃製方法

30 人份

主材料
西瓜蘿蔔 2 顆
粗鹽（天日鹽）
　1 大匙（15g）
羽葉金合歡 1kg
珠蔥 50g

醬料材料
辣椒粉 3 大匙（30g）
辣椒籽 5 大匙（250g）
蒜末 3 大匙（60g）
薑末 1 大匙（10g）
花椒魚露 5 大匙（50g）
蝦醬 2 大匙（40g）
糯米粥 1 杯（200g）

_1_ 西瓜蘿蔔去皮後切塊，
撒上粗鹽鹽漬30分鐘，
鹽漬後不清洗，直接備
用。

_2_ 取所有醬料材料備用。

_3_ 羽葉金合歡、珠蔥洗淨
後切成方便入口之大
小，放入西瓜蘿蔔中與
醬料材料一同攪拌。

_4_ 放入泡菜箱後隨即冷藏
保存。

西瓜蘿蔔的故事
西瓜蘿蔔常用於生吃，
有助消化，增強抵抗力。

可食用
5 ～ 40 日左右

章魚
辣拌蘿蔔

使用活章魚醃製，可品嘗章魚的鮮度與彈牙肉質，以及蘿蔔的爽脆口感。章魚辣拌蘿蔔可一次嘗到多種風味，是一道層次豐富的泡菜。

老古錐食品工房的秘方
此道食譜雖然一年四季皆能醃製，但選在盛產章魚的季節醃製將是最美味的時機。

醃製方法

20 人份

主材料
章魚 2 隻
粗鹽 些許
蘿蔔 1kg
粗鹽 2 大匙（30g）
珠蔥 30g
水芹 30g
梨子 1/2 顆

醬料材料
辣椒粉 3 大匙（30g）
蒜末 2 大匙（40g）
薑末 1 大匙（10g）
花椒魚露 2 大匙（20g）
蝦醬 1 大匙（20g）
糯米粥 1 杯（200g）

1 先取章魚用粗鹽搓洗乾淨，去除雜質，於流動的水清洗乾淨後瀝乾。

2 章魚切成 4～5 公分，方便入口的大小。

3 蘿蔔切長寬 1.5 公分的大小，加入粗鹽 2 大匙鹽漬 30 分鐘。清洗一次後瀝乾水分 1 小時。

4 珠蔥、水芹切 4～5 公分。辣椒粉、蒜末、薑末、花椒魚露、蝦醬、糯米粥備用。

5 將醬料材料加入蘿蔔大碗中攪拌。梨子切絲與水芹、章魚一同加入大碗中攪拌均勻，可以隨即食用，也可置於室溫一週熟成後再冷藏保存。

可食用
5 ～ 30 日左右

春白菜
泡菜

春白菜又稱「扁白菜」，為春季最早播種的
蔬菜。春白菜在1月左右自南方開始收成。
甜味鮮明，口感爽脆。

老古錐食品工房的秘方
春白菜可以隨即食用，也可熟成後食用。春白菜泡菜
也可加入羽葉金合歡，享用另一種特殊風味。

醃製方法

四人家庭一個月的食用量

主材料
春白菜 5 顆
蘿蔔 1 顆（500g）
蘋果 2 顆
洋蔥 3 顆

鹽漬材料
水 1L（1000g）
粗鹽（天日鹽）1 杯（160g）

醬料材料
乾辣椒 150g
蒜末 1/4 杯（50g）
薑末 1 大匙（10g）
花椒鯷魚醬 5 大匙（50g）
蝦醬 2 大匙（40g）
糯米粥 2 杯（400g）

1 洗淨春白菜後切四等份。

2 水 1L 與粗鹽 1 杯攪拌後放入春白菜。

3 1 個小時後上下翻過，使其均勻鹽漬。

4 再鹽漬 1 小時，瀝乾水分。

5 乾辣椒切半，放入攪拌機磨碎。

6 蘿蔔、蘋果、洋蔥切塊放入攪拌機打成泥。

7 蒜末、薑末、花椒鯷魚醬、蝦醬、糯米粥備用。

8 所有材料拌勻。

9 將醬料均勻抹至春白菜，放入泡菜箱後，冷藏保存。

春白菜的故事
春白菜富含維生素 A，可有效防止貧血、動脈硬化，預防老化。

可食用
10 ～ 60 日左右

苦菜
乾泡菜

秋天的市場可以找到苦菜的蹤跡。將苦菜用鹽水鹽漬一週至十天左右，可以去除苦味，顏色轉為暗黃色。將苦菜乾醃製泡菜，能嘗到醇厚的秋天氣息，雖手續較繁雜，但其曼妙滋味卻讓人願意拾起衣袖動手醃製。

老古錐食品工房的秘方
新鮮苦菜的苦澀味較重。苦菜泡菜置於冷藏庫，可以食用較長的時間。

醃製方法

30 人份

主材料
苦菜乾 1 把
　（1.6kg 左右）
珠蔥 50g

糯米糊材料
海鮮高湯 2 杯（360g）
糯米粉 5 大匙（125g）

醬料材料
辣椒粉 2 杯（200g）
蒜末 3 大匙（60g）
薑末 1 大匙（10g）
花椒魚露 160g
梅子醬 65g
芝麻 3 大匙（15g）

替代材料
花椒魚露 ▶ 玉筋魚魚露、
鯷魚魚露

苦菜的故事
用稻草捆綁苦菜後浸漬於鹽水，用石塊或重物重壓一週至十天。鹽漬苦菜的鹽水比例為 10：1 為佳。若是直接購入苦菜乾，可選葉子不軟爛，莖部仍保鮮度者尤佳。

1 備好鹽漬完的苦菜乾，於流動的水清洗後，放入水中烹煮 30 分鐘。

2 煮沸過後的苦菜瀝乾 1 小時。

3 去除根部與多餘枝枒。

苦菜切半。

切成方便入口大小。

4 糯米粉、海鮮高湯一同煮滾，熄火後冷卻。

5 取一大碗，放入苦菜、糯米糊、辣椒粉、蒜末、薑末、花椒魚露、梅子醬、芝麻。

6 珠蔥切成 2～4 公分後攪拌，放入泡菜箱，隨即冷藏保存。

可食用
一個月左右

牛蒡
泡菜

牛蒡有益健康，為相當受歡迎的食材。可製成牛蒡茶飲用，或製成煎餅、炸物、涼拌、雜菜、醬菜，擁有豐富的料理用途。含有大量的纖維質，醃製成泡菜可享用爽脆的口感。牛蒡特有的香氣也能增添泡菜的風味。

老古錐食品工房的秘方
牛蒡由於水分較少，調製醬料時注意勿過度濃稠，適時調節水量。牛蒡在鹽漬時若是切得較短，香氣容易散去，可在塗抹醬料時再切方便入口的長度。

醃製方法

20 人份

主材料
牛蒡 1kg
珠蔥 500g

鹽漬材料
水 5 杯（750g）
粗鹽 1/2 杯（80g）
醋 1/2 杯（80g）

糯米糊材料
海鮮高湯 2 杯（360g）
糯米粉 8 大匙（200g）
紫蘇籽粉 4 大匙（40g）

醬料材料
辣椒粉 10 大匙（100g）
蒜末 4 大匙（80g）
薑末 1/2 大匙（5g）
花椒魚露 3 大匙（30g）
蝦醬 2 大匙（40g）
鯷魚粉 2 大匙（10g）
梅子醬 5 大匙（50g）

替代材料
花椒魚露 ▶ 玉筋魚魚露

牛蒡的故事
建議挑選長度適中，表面光滑無碰撞傷口，稍有重量者為佳。過粗的牛蒡可能為空心。本地產的牛蒡表面附著泥土，進口的則為洗淨後販售。

1 用刀背輕輕替牛蒡去皮。

2 切成 3～4 等份，鹽漬 1 小時（水 5 杯，食鹽 1/2 杯、醋 1/2 杯）。鹽漬後，洗淨瀝乾水分。

3 將海鮮高湯、糯米粉、紫蘇籽粉一同煮成糊後冷卻。

4 珠蔥切成 2～3 公分的段狀。

5 取一大碗，將糯米糊、珠蔥、辣椒粉、蒜末、薑末、花椒魚露、蝦醬、鯷魚粉、梅子醬攪勻。

6 將牛蒡切成方便入口的大小，攪拌後放置於泡菜箱，隨即冷藏保存。

可食用一個月左右

蓮藕
泡菜

蓮藕主要盛產於春秋兩季，最近由於貯藏技術良好，除了盛夏之外皆能購入。蓮藕具有豐富的甜味與爽脆口感。可用於涼拌、煎餅、泡茶、炸物、燉煮、醬菜、沙拉等豐富料理。秋季的蓮藕口感軟嫩，可生食。體積較大的蓮藕即便汆燙後食用也可保持清脆口感。

老古錐食品工房的秘方
汆燙蓮藕時可加入醋水（水 1 杯，醋 1 大匙，食鹽 1 大匙）可以防止蓮藕變色。

醃製方法

20 人份

主材料
蓮藕 1kg
珠蔥 50g

糯米糊材料
海鮮高湯 1 杯（180g）
糯米粉 3 大匙（75g）
紫蘇籽粉 2 大匙（20g）

醬料材料
辣椒粉 3 大匙（30g）
蒜末 1 大匙（20g）
薑末 1/2 大匙（5g）
花椒魚露 5 大匙（50g）
梅子醬 2 大匙（20g）

替代材料
花椒魚露 ▶ 玉筋魚魚
露、鯷魚魚露

_1_ 蓮藕去皮後切薄
片。

_2_ 於滾水中汆燙蓮
藕 30 秒，然後
置於冷水沖洗後
瀝乾水分。

_3_ 烹煮糯米糊，冷
卻備用。

_4_ 珠蔥切細。

_5_ 取一大碗，放入
蓮藕、珠蔥、糯米
糊、辣椒粉、蒜
末、薑末、花椒魚
露、梅子醬。

_6_ 攪拌後放入泡菜
箱冷藏保存。

蓮藕的故事
蓮藕分為七孔與九孔，
九孔體型較圓潤，口感
柔軟，七孔較細長，口
感較粗糙。建議選用大
小適中的進行醃製。

可食用
15 日左右

121

桔梗
泡菜

桔梗為中藥藥材，可止咳。具藥效的桔梗建議選用根部潔白、筆直為佳。略帶苦澀味的桔梗可用於製作桔梗醬、涼拌等料理。桔梗尤其適合搭配雞肉料理，製成泡菜可享用特殊風味。

老古錐食品工房的秘方

桔梗無須鹽漬，直接醃製時更能享用爽脆口感。中秋前夕採收的桔梗外皮容易剝除，僅需切成兩半後即可輕鬆去除。桔梗泡菜可馬上食用，也可於一個月過後食用。

醃製方法

20 人份

主材料
桔梗 1kg
水芹 100g
珠蔥 100g

鹽漬材料
水 2 杯（300g）
粗鹽 1/2 杯（80g）

糯米糊材料
海鮮高湯 1 杯（180g）
糯米粉 3 大匙（75g）
紫蘇籽粉 2 大匙（20g）

醬料材料
辣椒粉 4 大匙（40g）
蒜末 2 大匙（40g）
花椒魚錄 3 大匙（30g）
梅子醬 3 大匙（30g）

替代材料
花椒魚露 ▶ 鯷魚魚露、
玉筋魚魚露

1 將桔梗去皮後切 3～4 公分的段狀，再切對半。

2 以鹽水鹽漬（水 2 杯，粗鹽 1/2 杯），鹽漬 1 小時後清洗。

3 水芹洗淨後，切 3～4 公分的段狀。

4 珠蔥洗淨後，切 3～4 公分的段狀。

5 糯米糊煮好冷卻，取一大碗放入桔梗、水芹、珠蔥、糯米糊、辣椒粉、蒜末、花椒魚露、梅子醬。

6 攪拌所有材料後，放入泡菜箱冷藏保存。

桔梗的故事

桔梗盛產於晚秋。在早春冒出新芽前的桔梗，營養最為豐富。春天來到，綠葉冒出，為了分配養分給嫩葉，根部的香氣較淡。

可食用
一個月左右

沙蔘
泡菜

沙蔘於晚秋與初春之際香氣最為強烈。愈嚼愈香，可製成烤沙蔘、沙蔘粥、涼拌沙蔘、沙蔘飯等料理。也可與牛奶一同打成汁，享用溫和、香氣四溢的沙蔘牛奶。沙蔘泡菜於秋天醃製，在入冬的醃製泡菜季來臨前，能夠享用一整個月的美好滋味。

老古錐食品工房的秘方
雖也可隨即冷藏保存後食用。但更建議保持沙蔘泡菜的醬料充足，使其熟成。可將沙蔘置於冷凍庫，方便去皮。

醃製方法

10 人份

主材料
沙蔘 600g
珠蔥 50g

糯米糊材料
糯米糊 3 大匙（150g）
海鮮高湯 1 大匙（50g）
紫蘇籽粉 2 大匙（20g）

醬料材料
辣椒粉 3 大匙（30g）
蒜末 2 大匙（40g）
花椒魚露 5 大匙（50g）
梅子醬 1 大匙（10g）

替代材料
珠蔥 ▶ 韭菜
花椒魚露 ▶ 鯷魚魚露、
玉筋魚魚露

1 沙蔘去皮，斜切備用。

2 熬煮糯米糊，冷卻。

3 珠蔥切碎。

4 取一大碗放入沙蔘、珠蔥、糯米糊、辣椒粉、蒜末、花椒魚露、梅子醬。

5 所有材料拌勻，放入泡菜箱冷藏保存。

沙蔘的故事
建議選用殘根較少，體型筆直，白色鮮明，香氣四溢者為佳。去皮時若纖維豐富者為上品。

可食用
一個月左右

人蔘
白菜泡菜

若是單獨醃製人蔘，發酵過後酸味較強，因此加入白菜，平衡整體味道。此道人蔘白菜泡菜直到食用完畢前，皆能品嘗人蔘特有的香氣。

醃製方法

四人家庭一個月的食用量

主材料

白菜 2 顆（7kg 左右）
蘿蔔 1/2 顆（500g 左右）
梨子 1 顆
水芹 100g
珠蔥 100g
鮮蔘 300g

鹽漬材料

水 4L
粗鹽 4 杯（640g）

糯米粥材料

糯米 100g
海鮮高湯 4 杯（720g）

醬料材料

辣椒粉 3 杯（300g）
蒜末 4 大匙（80g）
薑末 1 大匙（10g）
花椒魚露 10 大匙（100g）
蝦醬 5 大匙（100g）
白帶魚內臟醬 50g

替代材料

花椒魚露 ▶ 鯷魚魚露、
玉筋魚魚露

<u>1</u> 糯米浸泡於清水
3 小時後瀝乾，
倒入海鮮高湯，
煮沸後以飯杓攪
拌，再以中火熬
煮 20 分鐘後冷
卻備用。

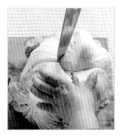

<u>2</u> 白菜的底部劃四
刀，切至 1/3 左
右的深度（＊參
考 P.48 鹽漬白菜
法）。

<u>3</u> 將白菜放入鹽水
（水 4L、粗鹽 4
杯）醃製 8 小時，
清洗後瀝乾水分
（＊參考 P.48 鹽漬
白菜法）。

<u>4</u> 取一大碗，放入
糯米粥，蘿蔔切
絲，與辣椒粉一
同放入攪拌。

<u>5</u> 放入蒜末、薑末、
花椒魚露、蝦醬、
鯷魚內臟醬，梨
子切絲，水芹與
珠蔥切 2～3 公
分的段狀，與糯
米粥一同加入大
碗內。

<u>6</u> 鮮蔘置於流動的
水中清洗乾淨後
斜切。放入碗中
攪拌。

鮮蔘的故事
人蔘分為「鮮蔘」、「乾蔘」、
「紅蔘」。鮮蔘是採收過後未
經乾燥或加工過的人蔘，而經
過乾燥或加工過的稱為紅蔘，
乾蔘則是乾燥過後的人蔘。根
據成長年份的不同，有 1 年生、
3 年生、6 年生。

<u>7</u> 將所有材料平均
抹於白菜間，置
於室溫 3～4 天
後，冷藏保存。

可食用
一個月左右

菊芋
泡菜

菊芋盛產於晚秋至初冬季節。可汆燙食用，也可製成醬菜。擁有爽脆口感的菊芋不僅美味，也充滿營養。熱量較低，膳食纖維豐富，可幫助排便，增加飽足感。

老古錐食品工房的秘方
菊芋的保存期限較長。

醃製方法

四人家庭一個月的食用量

主材料
菊芋 1kg
韭菜 100g

鹽漬材料
水 1L（1000g）
粗鹽 1/2 杯（80g）

糯米糊材料
海鮮高湯 1 杯（180g）
糯米粉 3 大匙（75g）
紫蘇籽粉 2 大匙（20g）

醬料材料
辣椒粉 3 大匙（30g）
蒜末 1 大匙（20g）
生薑汁 5g
花椒魚露 2 大匙（20g）
蝦醬 1/2 大匙（10g）

替代材料
韭菜 ▶ 珠蔥
花椒魚露 ▶ 鯷魚魚露、
玉筋魚魚露

1 菊芋去皮，以鹽水鹽漬（水 1L、粗鹽 1/2 杯）鹽漬 1 小時後清洗乾淨，瀝乾水分後，切成方便入口的大小。

2 熬煮糯米糊冷卻備用。

3 將韭菜切 1～2 公分備用。

4 取一大碗，加入菊芋、韭菜、辣椒粉、蒜末、生薑汁、花椒魚露、蝦醬，以及糯米糊後，攪拌均勻。

5 倒入泡菜箱，置於室溫熟成 2 天，冷藏保存。

菊芋的故事
田野與山間經常能見，生命力旺盛。因是野豬喜歡食用的食材，也稱為豬芋。

可食用
一個月左右

鱗片泡菜

下刀時不切斷的刀法所製成的泡菜，稱為鱗片泡菜。刀工猶如魚鱗般因此得其名。建議挑選體積較小，口感鮮嫩的蘿蔔，形狀甚美，滋味極佳。

老古錐食品工房的秘方
刀法雖不切斷，但深度也需能填入材料。

醃製方法

四人家庭一個月的食用量

主材料
蘿蔔（小型）7 顆
　（每顆約 500g 左右）
水芹 50g
芥菜 50g
珠蔥 50g

鹽漬材料
水 3 杯（450g）
粗鹽 1 杯（160g）

糯米粥材料
海鮮高湯 1 杯（180g）
糯米粉 4 大匙（100g）

醬料材料
辣椒粉 6 大匙（60g）
蒜末 1 大匙（20g）
薑末 5g
蝦醬 1 大匙（20g）

1 蘿蔔選用體積較小者，帶皮切半，距離 1.5 公分的寬度劃刀。

2 蘿蔔鹽漬（水 3 杯、粗鹽 1 杯）鹽漬 1 小時後洗淨，瀝乾水分。

3 水芹、芥菜、珠蔥切碎。

4 熬煮糯米糊後冷卻備用。

5 取一大碗，倒入糯米糊、水芹、芥菜、珠蔥、辣椒粉、蒜末、薑末、蝦醬攪拌，均勻塗抹，並夾入蘿蔔。

6 放入泡菜箱，於室溫熟成 3～4 日後，冷藏保存。

蘿蔔的故事
蘿蔔肉質結實，口感帶甜，清爽不膩。外型帶有光澤、不粗糙者為佳。

可食用
一個月左右

鱗片
水泡菜

此道鱗片水泡菜不加入辣椒粉，突顯豐富材料的亮麗顏色，大人小孩都愛吃。結合栗子的爽口、紅棗的香甜、梨子的清香，替蘿蔔泡菜帶來耳目一新的變化。每當宴客、壽宴，孩子生日時，可以動手製作這道佳餚，不僅外型美觀，味道也人人稱讚。

孩童享用 OK ！

老古錐食品工房的秘方
湯汁與調味可以個人喜好調節。

醃製方法

四人家庭一個月的食用量

主材料
蘿蔔（小型）
　7 顆（1.6kg 左右）
芥菜 150g
珠蔥 150g
蘿蔔 200g
栗子 100g
紅棗 100g
梨子 1/2 顆

鹽漬材料
水 1 杯（150g）
粗鹽 1/2 杯（80g）

麵粉糊材料
水 2L（2000g）
麵粉 2 大匙（30g）

醬料材料
蒜末 1 大匙（20g）
生薑汁 10g
粗鹽 1 大匙（15g）
花椒魚露 2 大匙（20g）

蘿蔔的故事
鱗片水泡菜建議選用體積嬌小，觸感結實，綠色較明顯者尤佳。蘿蔔白色處辛辣味較重，綠色處甜味明顯。也可選用體積較大，專做蘿蔔塊泡菜的蘿蔔，整體口感爽脆可口。

1 蘿蔔選用體積較小者，帶皮切兩半，距離 1.5 公分的寬度劃刀。

2 蘿蔔鹽漬(水 1 杯、粗鹽 1/2 杯）1 小時後，洗淨並瀝乾水分。

3 麵粉糊煮滾後冷卻備用。

4 將芥菜、珠蔥切 1 公分的塊狀，蘿蔔、栗子、梨子切絲，紅棗去籽後切絲。

5 取一大碗，放入芥菜、珠蔥、蘿蔔、栗子、梨子、紅棗、蒜末、生薑汁，加入粗鹽與花椒魚露後，靜置 30 分鐘。

6 餡料填滿蘿蔔縫隙間，放置於泡菜箱內，倒入冷卻的麵粉糊。於室溫熟成 3～4 日後，冷藏保存。

可食用
一個月左右

紫薯
水泡菜

紫薯水泡菜味道不辛辣，色澤漂亮，任誰都愛不釋手。選用甜味較不明顯的紫薯醃製泡菜時，可加入梨子，使兩者風味更加調和。紫薯不僅能蒸熟食用，也可油炸、煎餅、煮粥等等，廣泛用於各式料理。

孩童享用 OK！

老古錐食品工房的秘方

由於是水泡菜，紫薯浸漬於水中所溶出的澱粉無須倒除。

醃製方法

20 人份

主材料
紫薯 1 顆（300g 左右）
蘿蔔 1/2 顆（600g 左右）
粗鹽 2 大匙（30g）
水芹 100g
珠蔥 100g
紅辣椒 2 根
梨子 1 顆

麵粉糊材料
水 1L（1000g）
麵粉 1 大匙（15g）

醬料材料
蒜末 1 大匙（20g）
薑末 1/2 大匙（5g）
花椒魚露 2 大匙（20g）

替代材料
花椒魚露 ▶ 玉筋魚魚露

1 將紫薯與蘿蔔洗淨、去皮。切成寬 2 公分，長 0.5 公分的小塊，與粗鹽 2 大匙一同鹽漬 30 分鐘，無須清洗。

2 熬煮麵粉糊，冷卻備用。

3 取水芹與珠蔥切2 公分的段狀。紅辣椒切半後去籽，切絲備用。

4 梨子取汁。

5 取一大碗，放入紫薯、蘿蔔、水芹、珠蔥、紅辣椒、梨子汁、麵粉糊、花椒魚露。蒜末、薑末放入棉布袋，一併放入泡菜箱，於室溫熟成 2 日後，冷藏保存。

紫薯的故事
紫薯與蘿蔔一同醃製泡菜，不僅顏色亮麗，也能享用別具特色的風味。建議選用外皮與果肉為鮮明的紫色，外型大小平均，光滑結實者為佳。

可食用
15 日左右

白菜根
泡菜

白菜根可以削片當零食，也可燉菜或炒菜。白菜根口感結實，具甜味，無須添加甜味也足夠美味。醃製後即可食用，適合於晚秋至冬天時食用。

老古錐食品工房的秘方
白菜根口感結實，水分較少，因此不經過鹽漬處理。

醃製方法

20 人份

主材料
白菜根 1kg
芥菜 30g
珠蔥 50g（10 根左右）

糯米糊材料
海鮮高湯 1 杯（180g）
糯米粉 4 大匙（100g）

醬料材料
辣椒粉 3 大匙（30g）
蒜末 1 大匙（20g）
薑末 1/2 大匙（5g）
花椒魚露 2 大匙（20g）
蝦醬 1 大匙（20g）

替代材料
花椒魚露 ▶ 鯷魚魚露、
玉筋魚魚露

_1_ 白菜根洗淨後去皮，切
長寬約 2 ～ 3 公分的塊
狀。

_2_ 芥菜與珠蔥切 2 公分的
段狀。

_3_ 熬煮糯米糊冷卻，取一
大碗，放入白菜根、芥
菜、珠蔥、辣椒粉、蒜末、
薑末、花椒魚露、蝦醬。

_4_ 攪拌均勻後，置於泡菜
箱，冷藏保存。

白菜根的故事
最近的白菜根 * 均以人工的
方式栽種，冬天時也能輕鬆
購入。

* 譯註：為朝鮮白菜的根部。

可食用
15 日左右

菊薯
泡菜

菊薯又稱「土裡的梨子」，可在秋季時於超市或傳統市場購入。原產於安地斯山脈，在韓國以菊薯冷麵打開知名度。可以削來當水果品嘗，也可醃製泡菜，品嘗另一種風味。

老古錐食品工房的秘方
醃製後隨即可食用其鮮脆口感。

醃製方法

20 人份

主材料
菊薯 1kg
芥菜 50g
珠蔥 100g

糯米糊材料
海鮮高湯 1 杯（180g）
糯米粉 4 大匙（100g）

醬料材料
辣椒粉 3 大匙（30g）
蒜末 1 大匙（20g）
薑末 1 大匙（10g）
花椒魚露 5 大匙（50g）

替代材料
芥菜 ▶ 水芹
花椒魚露 ▶ 玉筋魚魚露

_1_ 菊薯洗淨後去皮，切小塊。

_2_ 芥菜與珠蔥切細。

_3_ 糯米糊熬煮後冷卻，取一大碗裝入菊薯、芥菜、珠蔥、辣椒粉、蒜末、薑末，花椒魚露等材料。

_4_ 攪拌均勻後，放入泡菜箱，隨即可冷藏保存。

菊薯的故事
菊薯如地瓜，放愈久甜味愈明顯。由於水分較多，容易腐敗，需置於通風處貯藏。

可食用
15 日左右

大頭菜甜柿
水泡菜

此道泡菜結合大頭菜的鮮脆與甜柿的香甜，帶來別具創意的水泡菜，適合不愛吃辣的人或孩童食用。同時也是一道方便簡易，隨時能製作後食用的泡菜。

孩童享用 OK！

老古錐食品工房的秘方
大頭菜與甜柿本身已有甜味，無須多加甜味的調味。

醃製方法

20 人份

主材料
大頭菜 3 顆
甜柿 2 顆
珠蔥 10 根
紅棗 5 顆

麵粉糊材料
水 1L（1000g）
麵粉 1 大匙（15g）

醬料材料
蒜末 1 大匙（20g）
薑汁 10g
花椒魚露 1 大匙（20g）
粗鹽 2 大匙（30g）

替代材料
花椒魚露 ▶ 玉筋魚魚露
花椒魚露 ▶ 玉筋魚魚露

1 選用結實的大頭菜、甜柿，去皮後切長寬 3 公分的大小。

2 煮滾麵粉糊後冷卻。

3 珠蔥切 1 公分大小，紅棗去籽後捲成圓柱切絲。

4 取一大碗，放入大頭菜、甜柿、珠蔥、紅棗、蒜末、薑汁、花椒魚露、粗鹽。再加入冷卻的麵粉糊，靜置 1 小時後，倒入泡菜箱冷藏保存。

大頭菜的故事
建議選用外皮無龜裂的大頭菜，大頭菜的果肉如蘿蔔般潔白。

可食用
15 日左右

蘋果
泡菜

蘋果盛產的季節為秋意最深的晚秋。香甜可口，爽脆誘人，物美價廉的蘋果可以買多一些，醃製成泡菜或是曬乾食用，也可做成蘋果乾年糕當零嘴。

老古錐食品工房的秘方
在蘋果撒上些許砂糖與鹽，風乾後也很美味。

醃製方法

四人份

主材料
蘋果 2 顆（450g 左右）
食鹽 1 大匙（15g）
珠蔥 3 根

糯米糊材料
海鮮高湯 1/2 杯（90g）
糯米粉 2 大匙（50g）

醬料材料
辣椒粉 1 大匙（10g）
蒜末 1/2 大匙（10g）
薑汁 5g
花椒魚露 2 大匙（20g）

* 可以選用一半新鮮蘋果，一半
風乾蘋果，更顯風味。

1 蘋果不去皮，洗淨切成
四等份去籽。

2 蘋果切小塊後灑上食鹽
1 大匙，靜置 2 小時，
無須清洗，瀝乾多餘水
分。

3 珠蔥切細備用。

4 糯米糊煮滾後冷卻。取
一大碗放入蘋果、珠蔥、
辣椒粉、蒜末、薑汁、
花椒魚露、糯米糊，攪
拌後放入泡菜箱。

蘋果的故事
蘋果有著豐富的品種。9 月
盛產「青蘋果」，10 月為「蜜
蘋果」，10 月下旬至 11 月
為「富士蘋果」。所有種類
的蘋果皆適合醃製泡菜，味
道有些許差異，嘗試不同風
味的蘋果也是一項烹飪的樂
趣。

可食用
一週左右

甜柿
泡菜

同時兼具爽脆口感與香甜滋味的甜柿為秋天的代表性食材。甜柿醃製成泡菜可如沙拉般享用，也可靜置熟成作為醬菜食用。

老古錐食品工房的秘方
微透綠光的柿子較澀。

醃製方法

5 人份

主材料
甜柿 3 顆
珠蔥 5 根

醬料材料
辣椒粉 2 大匙（20g）
糯米粥 2 大匙（100g）
薑汁 1 大匙（50g）

* 使用一半新鮮甜柿，一半風乾
甜柿，更顯風味。

1 選用結實的甜柿，去皮
後切 3 公分的小塊。

2 珠蔥切碎。

3 取一大碗，倒入甜柿、
珠蔥、辣椒粉、糯米
粥、薑汁後攪拌，隨後
放入冷藏保存。

甜柿的故事
建議選用果肉結實，外皮為
帶有光澤感的橘黃色，圓大
有重量感的尤佳。

可食用 2～
3 日左右

栗子
泡菜

口感鮮明的栗子，味道淡雅清甜，不僅可食用，風乾後也可製成藥品。栗子的甜味適合搭配各種食材，也可幫助身體吸收養分。廣泛用於飯、粥、製糕、燉煮、沙拉、養生飯等料理。栗子泡菜保留了栗子的甜味與口感，不過栗子若是漬於鹽水中，將喪失栗子特有的香味，因此請記得栗子無須鹽漬。

老古錐食品工房的秘方
栗子泡菜建議馬上食用，也可作為下酒菜，有效緩解宿醉。

醃製方法

10 人份

主材料
生栗子 600g
芥菜 30g
珠蔥 50g
紅棗 5 顆

糯米糊材料
海鮮高湯 1/2 杯（90g）
糯米粉 2 大匙（50g）

醬料材料
辣椒粉 1 大匙（10g）
花椒魚露 3 大匙（30g）
蒜末 1/2 大匙（10g）
薑汁 5g

替代材料
花椒魚露 ▶ 玉筋魚魚露

1 選用新鮮栗子，去皮。烹煮糯米糊後冷卻備用。

2 將芥菜、珠蔥切細。

3 紅棗去籽後，切絲。

4 取一大碗，放入栗子、芥菜、珠蔥、紅棗、糯米糊、辣椒粉、花椒魚露、蒜末、薑汁。

5 所有材料攪拌後置於泡菜箱，隨即冷藏保存。

栗子的故事
栗子是提親禮聘時不可或缺的食材，意指「多男」，期望多生男孩，傳統風俗裡公婆須將栗子送給媳婦，媳婦收下後要於新婚房食用完畢。

可食用
一個月左右

大頭菜石榴
水泡菜

大頭菜的鮮甜與石榴的酸甜滋味相襯得宜，甜中帶酸的清爽滋味可以隨即食用。此道水泡菜不加入辣椒粉，孩子也能開心享用。大頭菜由於水分較低，醃製泡菜時，可放置較久。

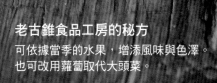

老古錐食品工房的秘方

可依據當季的水果，增添風味與色澤。
也可改用蘿蔔取代大頭菜。

醃製方法

20 人份

主材料
大頭菜 1 顆
粗鹽 1 大匙（15g）
石榴 1/2 顆
水芹 50g
珠蔥 5 ～ 6 根
蘋果 1/2 顆
石榴原汁 1/2 杯（25g）

麵粉糊材料
水 1 杯（150g）
麵粉 1 大匙（15g）
粗鹽 1 大匙（15g）

醬料材料
花椒魚露 1 大匙（10g）
蒜末 1 大匙（20g）
薑末 1/4 大匙（2.5g）

替代材料
蘋果 ▶ 梨子
花椒魚露 ▶ 玉筋魚魚露

* 石榴可榨汁，用於調味湯頭。

石榴的故事

石榴因果實模樣與功效，象徵多產、富饒、財富。自古蓋房子時會在庭院或牆邊種植石榴樹，5 月會開出紅色花朵，到了 10 月則是結成鮮紅果實。女性可以多攝取石榴酵素。

_1_ 大頭菜洗淨後，去皮切 1 ～ 1.5 公分的丁狀，以粗鹽 1 大匙鹽漬 30 分鐘，無須清洗。取用石榴果實備用。

_2_ 熬煮麵粉糊後，冷卻備用。

_3_ 水芹、珠蔥切成 1 公分的細狀，蘋果去皮後也切成 1 公分的細丁。

_4_ 取一大碗，放入大頭菜、石榴、水芹、珠蔥、蘋果、花椒魚露。蒜末和薑末放入棉袋，倒入石榴原汁、麵粉糊後攪拌，之後倒入泡菜箱，冷藏保存。

可食用一個月左右

149

秋收紫蘇葉泡菜

秋收紫蘇葉泡菜可從入冬前食用至隔年春天。若希望長時間食用，調味可偏鹹。醃製過的紫蘇葉膳食纖維較多，據說在運動量不足的冬天，可以幫助腸胃蠕動。醃製紫蘇葉泡菜時，也可加入栗子、紅棗等配料。

老古錐食品工房的秘方
若是調味較淡，紫蘇葉易腐敗，建議選用葉片較小的葉子進行醃製。

醃製方法

30 人份

主材料
醃漬過的秋收紫蘇葉 1kg

醬料 1 材料
海鮮高湯 1200g
瓦村醬油 200g
花椒魚露 100g
麥芽糖 200g

醬料 2 材料
辣椒粉 2 杯（200g）
蒜末 1 杯（100g）
芝麻 8 大匙（40g）

替代材料
瓦村醬油 ▶ 濃醬油
花椒魚露 ▶ 鰮魚魚露
麥芽糖 3 大匙 ▶ 水飴 2 大匙

1 鹽漬的紫蘇葉洗淨，於鍋中與水 2L 烹煮 30 分鐘。

2 以冷水清洗 4～5 遍，用手擰至無水分。

3 再用剪刀剪去葉柄。

4 鍋中放入醬料 1 的材料，海鮮高湯、瓦村醬油、花椒魚露、麥芽糖，熬煮 15 分鐘，冷卻備用。

秋收紫蘇葉的故事
紫蘇葉為春天播種，夏天食用，9 月末開花結果後，紫蘇葉變薄變色。此時收成紫蘇葉稱為秋收紫蘇。醃漬紫蘇葉時 30 片綑成一束，依序放進缸中，確保鹽水（粗鹽：水＝1：5）蓋過紫蘇葉，並用石塊重壓，一週後鹽漬完畢。注意鹽漬的比例，若是過淡，紫蘇葉易腐敗。

5 醬料 1 中放入醬料 2 的辣椒粉、蒜末、芝麻。

6 取 2～3 片紫蘇葉，塗抹醬料，完畢後放入泡菜箱內，冷藏保存。

可食用
三個月左右

秋收豆葉
泡菜

慶尚道一帶的餐桌經常能見秋收豆葉。豆葉愈嚼愈香。秋收豆葉還能涼拌，享受有別於醬菜的另一番風味。

老古錐食品工房的秘方
建議選用不軟爛、氣味不重的鹽漬豆葉。

醃製方法

30 人份

主材料
鹽漬秋收豆葉
　　5 包（一包 250g 左右）

醬料 1 材料
海鮮高湯 1600g
瓦村醬油 200g
花椒魚露 200g
麥芽糖 200g

醬料 2 材料
辣椒粉
　　1 又 1/2 杯（150g）
蒜末 1/2 杯（100g）
薑末 10g
芝麻 12 大匙（60g）

替代材料
瓦村醬油 ▶ 濃醬油
花椒魚露 ▶ 鯷魚魚
露、玉筋魚魚露
麥芽糖 ▶ 水飴

秋收豆葉的故事
建議選用束得結實，葉片不
過大者尤佳。晚秋至結霜
後，可摘採豆葉綑成束，倒
入鹽水於缸中，放上石頭鹽
漬。

1 鹽漬豆葉洗淨後放入水
中煮 40 分鐘。

2 再於清水中清洗多次，
擰乾水分。

3 鍋中放入醬料 1 的材
料，海鮮高湯、瓦村醬
油，煮滾後再加入花椒
魚露、麥芽糖，煮 15
分後冷卻。再放入醬料
2 的辣椒粉、蒜末、薑
末、芝麻。

4 取 2～3 片豆葉，塗抹
醬料，完畢後置於泡菜
箱冷藏保存。

可食用
三個月左右

涼拌醃辣椒

醃辣椒需與花椒鰻魚醬拌勻,才能突顯出辣椒的辣香味與鰻魚醬的層次感。良好的醃辣椒呈亮麗的黃綠色,表皮完整,整體有彈性,保有蒂頭尤佳。傳統市場皆有販售。醃辣椒無論是使用於蘿蔔泡菜或是當作配飯的小菜皆相當合適。

老古錐食品工房的秘方
醃製醬菜時需要倒入多次的滾水,但鹽漬辣椒僅可以在冷水中融解粗鹽。

醃製方法

10 人份

主材料
醃辣椒 500g
珠蔥 50g（10 根左右）

醬料材料
辣椒粉 30g
蒜末 30g
花椒鯷魚醬 30g
麥芽糖 50g
芝麻 30g

替代材料
花椒鯷魚醬 ▶ 鯷魚魚露

_1_ 醃辣椒洗淨後，以剪刀
剪去蒂頭。

_2_ 珠蔥切 2 ～ 4 公分的段
狀。

_3_ 取一大碗，放入醃辣椒、
珠蔥、辣椒粉、蒜末、花
椒鯷魚醬、麥牙糖、芝
麻攪拌，之後放入泡菜
箱於冷藏保存。

辣椒的故事

醃辣椒最好於結霜前採收。
結霜後辣椒容易軟爛。辣椒
葉可以煮過風乾食用，大辣
椒可鹽漬或製成醬菜，小辣
椒則可以汆燙來吃或風乾後
油炸，自冬季到春季皆可食
用。將辣椒鹽漬完畢後隨時
可涼拌食用，或製成水蘿蔔
泡菜。辣椒通常在秋季時，
挑選尚未完全成熟的辣椒進
行鹽漬，將摘採的辣椒放入
缸內，倒入水 10 杯：粗鹽 2
杯的鹽水，放上石塊，醃製
15 日左右。

可食用
15 日左右

芹菜
泡菜

特色為爽脆口感的芹菜又稱西洋芹。擁有獨特香氣的芹菜常用於各式沙拉或醬汁。通常只使用愈嚼愈香的芹菜莖，使用於泡菜時能在嘴裡散發隱約香氣，讓人總想來上一口。

老古錐食品工房的秘方
加入紫蘇粉能散發更加柔和高雅的香氣。

醃製方法

20 人份

主材料
芹菜 1.5kg
珠蔥 200g

醬料材料
水 1L（1000g）
粗鹽 100g

糯米糊材料
糯米粉 6 大匙（150g）
紫蘇粉 4 大匙（40g）
海鮮高湯 2 杯（400g）

醬料材料
辣椒粉 5 大匙（50g）
蒜末 3 大匙（60g）
薑末 1 大匙（10g）
花椒魚露
　　3 大匙（30g）
蝦醬 2 大匙（40g）

替代材料
花椒魚露 ▶ 玉筋魚魚露

_1_ 拔除芹菜葉，挑去過粗的纖維。

_2_ 芹菜鹽漬（水 1L、粗鹽 100g）1 小時後清洗乾淨。

_3_ 斜切芹菜，珠蔥切 1 公分的長度。

_4_ 熬煮糯米糊冷卻後，取一大碗放入芹菜、珠蔥、辣椒粉、蒜末、薑末、花椒魚露、蝦醬、糯米糊後攪拌。置於泡菜箱隨即冷藏保存。

芹菜的故事
芹菜葉為綠色，莖部為嫩綠色。以莖部厚實、細長、觸感有彈性，凹起部份鮮明，整體厚度一致為佳。

可食用
15 日左右

辣拌
蘿蔔白菜

白菜與蘿蔔「攪拌後醃製」稱為辣拌（섞박지）。可依個人喜好加入牡蠣、章魚、新鮮明太魚等海鮮。攪拌均勻後可隨即食用，也可熟成後品嘗。

老古錐食品工房的秘方
保存期限較短的一道菜。

醃製方法

20 人份

主材料
白菜 1kg
蘿蔔 450g
珠蔥 100g

鹽漬材料
水 1L（1000g）
粗鹽 100g

糯米粥材料
海鮮高湯 3 杯（540g）
糯米 30g

醬料材料
辣椒粉 7 大匙（70g）
蒜末 2 大匙（40g）
薑末 1 大匙（10g）
花椒魚露 5 大匙（50g）
梅子醬 3 大匙（30g）
蝦醬 2 大匙（40g）

替代材料
花椒魚露 ▶ 鯷魚魚露、
玉筋魚魚露
梅子醬 ▶ 梨子

白菜的故事

秋季採收的白菜保存期限較長，夏季的白菜由於水分較多，無法久放。挑選白菜時注意根部短小，葉莖不過厚，整體長度較短，有重量尤佳。切半的白菜心呈嫩黃色，飽滿為佳。

_1_ 準備娃娃菜的白菜品種，切去根部後切 3～4 公分的大小，再以（水 1L、粗鹽 100g）鹽漬 4 小時後清洗，瀝乾水分。

_2_ 蘿蔔切長寬 3 公分的薄片，鹽漬於白菜的鹽水中 1 小時，清洗後瀝乾水分。

_3_ 熬煮糯米粥，冷卻備用。再加入辣椒粉、蒜末、薑末、花椒魚露、梅子醬、蝦醬攪拌。

_4_ 珠蔥切 2～4 公分的段狀。

_5_ 取一大碗放入白菜、蘿蔔、珠蔥與醬料。

_6_ 攪拌均勻後，倒入泡菜箱，於室溫熟成 24 小時之後，冷藏保存。

可食用
一個月左右

大頭菜
泡菜

大頭菜泡菜是煮米飯時可以快速醃製的泡菜。預先煮好、冷卻粥糊備用，將大頭菜切成小塊，倒入醬料攪拌均勻，無須 20 分鐘即可完成。大頭菜比起蘿蔔口感扎實，可保存較久，也可切絲涼拌，更能像水果般削來吃。

老古錐食品工房的秘方
大頭菜自帶甜味，因此無須加入甜味的食材。

醃製方法

10 人份

主材料
大頭菜 2 顆
珠蔥 50g

糯米糊材料
糯米粉 2 大匙（50g）
海鮮高湯 100g

醬料材料
辣椒粉 3 大匙（30g）
蒜末 1 大匙（20g）
薑末 1/2 大匙（5g）
花椒魚露 1 大匙（10g）
蝦醬 1 大匙（20g）
芝麻 2 大匙（10g）

替代材料
花椒魚露 ▶ 玉筋魚魚露

1 大頭菜去皮，切塊備用。

2 珠蔥切 3～4 公分的段狀。

3 熬煮糯米糊冷卻後，倒入大頭菜、珠蔥、辣椒粉、蒜末、薑末、花椒魚露、蝦醬、芝麻，攪拌均勻後放入泡菜箱，置於室溫 1 小時後，即可冷藏保存。

大頭菜的故事
建議挑選表皮無裂紋，乾淨光滑為佳。有裂紋者可能果肉經風害而乾燥變硬，無法食用。

可食用
一個月左右

鮑魚
辣拌蘿蔔

鮑魚味鮮清甜，營養豐富。能搭配許多食材，共奏出多元料理。鮑魚洗淨後，將內臟與鮑魚肉分離，內臟可煮粥，鮑魚肉則可醃製泡菜。鮑魚切成方便入口的小丁與泡菜攪拌，可帶來清香的海鮮滋味。鮑魚辣拌蘿蔔適合選用活鮑魚製作。

老古錐食品工房的秘方
鮑魚建議選用有光澤、堅硬，大小適中為佳。
也可加入 10 顆栗子，增添風味。

醃製方法

20 人份

主材料

鮑魚 8 顆（500g）

蘿蔔 1/2 顆（600g 左右）

白菜 1/6 顆（500g 左右）

芥菜 30g

水芹 30g

珠蔥 50g

鹽漬材料

水 2 杯（300g）

粗鹽 1/2 杯（80g）

糯米糊材料

海鮮高湯 1 杯（180g）

糯米粉 4 大匙（100g）

醬料材料

辣椒粉 7 大匙（70g）

蒜末 3 大匙（60g）

薑末 1 大匙（10g）

花椒魚露 2 大匙（20g）

蝦醬 1 大匙（20g）

替代材料

花椒魚露 ▶ 鰻魚魚露、玉筋魚魚露

鮑魚的故事

又稱為大海的補藥，鮑魚大多為養殖，一年四季皆能食用。鮑魚主要分成養殖與野生鮑魚，於海中石壁上的野生鮑魚最為鮮美。

1 將白菜切成方便入口的大小鹽漬（水 2 杯、粗鹽 1/2 杯）2 小時左右。

2 白菜鹽漬 1 小時左右時，將蘿蔔切成 2 公分左右的薄片，與白菜共同鹽漬 1 小時，之後用清水洗淨，瀝乾水分。

3 鮑魚用刷子洗淨雜質，用刀取鮑魚肉。

4 去除鮑魚上紅色的牙齒。

5 切成 0.5 公分的薄片。

6 取一大碗，放入白菜、蘿蔔、鮑魚，將芥菜、水芹、珠蔥切 2～3 公分的段，一併放入碗中。

7 倒入事先預煮冷卻後的糯米糊。再加入辣椒粉、蒜末、薑末、花椒魚露、蝦醬攪拌均勻。倒入泡菜箱內置於室溫熟成 2 日後，冷藏保存。

可食用一個月左右

冰鎮
明太魚
水泡菜

明太魚肉質軟嫩彈牙，滋味甘醇，將明太魚醃製成水泡菜，能帶來海鮮的清甜滋味。冰鎮明太魚水泡菜相當適合緩解宿醉。

老古錐食品工房的秘方

置於箱內醃製時，先將裝盛芥菜、水芹、大蔥等物的棉布袋置於底下，再放進白菜，最後以石塊等重物壓於上頭，最後倒入明太魚湯汁。於室溫醃製熟成 4〜5 日後，可冷藏保存，白菜建議挑選體積較小者為佳。

醃製方法

30 人份

主材料
白菜 1 顆（3kg 左右）
蘿蔔 1 顆（1kg 左右）
粗鹽 3 大匙（45g）
梨子（小型）2 顆

明太魚湯汁材料
明太魚（中型）1 尾
昆布 50g
水 5L（5000g）

白菜鹽漬材料
水 2L（2000g）
粗鹽 2 杯（320g）

醬料材料
辣椒粉 3 大匙（30g）
芥菜 100g
水芹 100g
珠蔥 3 根
乾刺松藻 10g
蒜末 2 大匙（40g）
薑末 1 大匙（10g）
花椒魚露 150g

明太魚的故事
明太魚只在江原道的曬漁場歷經反覆結霜、融化等步驟後，自然風乾而成的明太魚。在反覆融化的過程裡鹽分自然淡化，使整體味道鮮美適中。四季皆可享用。經常用於煮粥、燉肉、燉菜、熬湯等料理。

1 鍋中加入明太魚、昆布、水 5L，煮滾 5 分鐘後熄火冷卻，將湯料撈出後，加入辣椒粉。

2 蘿蔔洗淨切半，切 1 ～ 1.5 公分的薄片。

3 蘿蔔置於缸中，撒上粗鹽 3 大匙鹽漬 30 分鐘。

4 白菜選用沒有外葉的娃娃菜，鹽漬（水 2L、粗鹽 2 杯）5 小時後清洗，放入缸中。乾刺松藻泡水後洗淨備用。

5 梨子洗淨後切 4 等份，與芥菜、水芹、珠蔥、刺松藻、蒜末、薑末、花椒魚露一同放入棉袋，置入缸中。

6 將明太魚湯汁倒進材料中，於室溫醃製熟成 2 ～ 3 日後，冷藏保存。

可食用
一個月左右

羊棲菜
泡菜

又稱「大海的不老草」，具有豐富的營養成分與功效。可作成羊棲菜飯、羊棲菜粥、涼拌羊棲菜、羊棲菜泡菜煎餅等多種料理。羊棲菜泡菜可以作為餐桌上的小菜，攝取對身體有益的營養素。

老古錐食品工房的秘方
羊棲菜與些許食鹽汆燙後將使顏色轉為鮮明。
羊棲菜泡菜可隨即冷藏食用。

醃製方法

10 人份

主材料
羊棲菜 500g
蘿蔔 100g
珠蔥 30g
梨子 1/2 顆

醬料材料
辣椒粉 2 大匙（20g）
蒜末 1 大匙（20g）
薑末 1/2 大匙（5g）
花椒魚露 3 大匙（30g）
梅子醬 1 大匙（10g）

替代材料
花椒魚露 ▶ 鯷魚魚露、
玉筋魚魚露

羊棲菜的故事
分為乾燥與新鮮的羊棲菜。
羊棲菜是一種在岩石上紮根
生長的海藻類，主要產季為
2 月至 7 月。最近多為養殖
生產，一年四季皆能購入。
據報導羊棲菜有助於排出體
內的重金屬，在日本是相當
受歡迎的食材。泡發乾燥羊
棲菜時可加入少許的醋，有
效去除腥味。新鮮的羊棲菜
葉片如整串的松葉，建議挑
選葉莖不過多的為佳。醃製
泡菜時建議選用乾羊棲菜，
風味較佳，香氣較濃郁。

1 羊棲菜洗淨，以手撕成
  方便入口的大小，瀝乾
  水分。

2 蘿蔔切絲，珠蔥切 2～
  3 公分的段狀。

3 梨子切絲備用。

4 取一大碗，依序放入羊
  棲菜、蘿蔔、珠蔥、梨子、
  辣椒粉、蒜末、薑末、花
  椒魚露、梅子醬後攪拌，
  放入泡菜箱後，冷藏保
  存。

可食用
一個月左右

辣炒
豬肉泡菜

將辣炒豬肉當作醃製泡菜的醬料是一道別具創意的泡菜。雖然也可使用生豬肉，但使用炒熟的豬肉可以隨即食用。待熟成後熬煮泡菜湯，為湯頭帶來香醇濃郁的風味。

老古錐食品工房的秘方

醬料事先攪拌均勻，放入蘿蔔，最後再放入水芹、芥菜、珠蔥更佳。豬肉可選用前腿肉或頸肉等部位的絞肉，加入攪拌。

醃製方法

四人家庭一個月的食用量

主材料
白菜 2 顆（7kg 左右）
豬絞肉 400g
蘿蔔 1/2 顆（400g 左右）
梨子 1 顆
芥菜 150g
水芹 100g
大蔥 100g

糯米粥材料
糯米 100g
海鮮高湯 800g

醬料材料
辣椒粉 3 杯（300g）
蒜末 4 大匙（80g）
薑末 2 大匙（20g）
花椒魚露
　　10 大匙（100g）
蝦醬 150g
鯷魚內臟醬 100g

替代材料
花椒魚露 ▶ 玉筋魚魚露

辣炒豬肉泡菜的故事
天氣寒冷的北方地區，不僅會在泡菜裡加入豬肉，也會加進許多富含蛋白質的肉類。會以牛骨熬製濃郁的高湯醃製泡菜，使味道甘醇，或用雉雞肉、雞肉等肉類醃製。

1 取一白菜，從底部劃四刀，切至 1/3 左右的深度（* 參考 P.48 鹽漬白菜法）。

2 白菜放入鹽水醃製 8 ～ 9 小時，清洗後瀝乾水分（* 參考 P.48 鹽漬白菜法）。

3 用熱鍋炒熟豬絞肉，冷卻備用。

4 蘿蔔、梨子切絲備用。

5 芥菜、水芹切2～3公分的段狀，大蔥切碎。

6 糯米粥煮好冷卻。取一大碗放入炒熟的豬絞肉、蘿蔔、梨子、辣椒粉、蒜末、薑末、花椒魚露、蝦醬，鯷魚內臟醬攪拌。

7 芥菜、水芹、大蔥加入醬料中，攪拌後均勻塗抹於白菜。放入泡菜箱，於室溫熟成 2 ～ 3 日後，冷藏保存。

可食用
一個月左右

馬尾藻
泡菜

小時候由於馬尾藻價格便宜，母親經常用其入菜。能與豆芽菜涼拌或是煮湯或熬粥，也可以風乾直接食用。在以前尚未流行於婚宴，仍於自家院前宴請貴賓的日子，馬尾藻是不可或缺的涼拌菜色。馬尾藻味道溫和，細緻柔軟，帶有氣囊，咀嚼時口感豐富。可與蘿蔔、梨子、珠蔥等食材，新鮮辣拌成涼拌菜，成為冬季的開胃小菜。

老古錐食品工房的秘方
馬尾藻需於滾水中汆燙，才能使口感柔嫩。

醃製方法

10 人份

主材料
新鮮馬尾藻 150g
蘿蔔 300g
梨子 1/2 顆
珠蔥 50g

糯米粥材料
辣椒粉 2 大匙（20g）
蒜末 1 大匙（20g）
薑末 1/2 大匙（5g）
花椒魚露 4 大匙（40g）
芝麻 2 大匙（10g）

替代材料
花椒魚露 ▶ 鯷魚魚露、
玉筋魚魚露

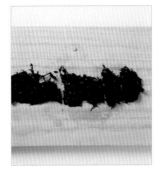

<u>1</u> 馬尾藻洗淨後，稍微過
水汆燙，冷水沖洗後切
成 2〜3 公分的段狀。

<u>2</u> 梨子與蘿蔔切絲備用。

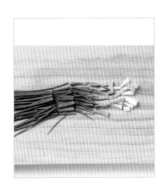

<u>3</u> 珠蔥切成 2〜3 公分
的段狀。

<u>4</u> 取一大碗，放入馬尾
藻、蘿蔔絲、梨絲、珠
蔥、辣椒粉、蒜末、薑
末、花椒魚露、芝麻等
材料，攪拌後倒入泡菜
箱，冷藏保存。

馬尾藻的故事
馬尾藻（모재기）在韓文又
稱（모자반）。為海中產物，
與海苔、石蓴的生長方式
不同，馬尾藻如海帶整株生
長。馬尾藻常與 Majaegi（마
재기）混淆，兩者為不同品
種。Majaegi 主要於水坑、
池塘、水庫等淡水地區，可
以生食。

可食用
2〜3 日左右

171

黃豆泥
醃娃娃菜

此道水泡菜男女老少皆適宜，特別推薦給孩童或不吃辣的人們。娃娃菜一年四季皆能購入，隨時能醃製享用。

推薦的入冬食品

老古錐食品工房的秘方
若要拉長保存期限，可置於 5～6℃的冷藏室保存 15 日左右。

醃製方法

40 人份

主材料

娃娃菜 3kg（5 顆左右）
黃豆 30g
白飯 1 杯（180g）
洋蔥 1 顆
蘿蔔 300g
水芹 50g
珠蔥 100g

醬料材料

蒜末 2 大匙（40g）
薑末 2 大匙（20g）
花椒魚露 5 大匙（50g）
蝦醬 1 大匙（20g）
食鹽 2 大匙（30g）

海鮮高湯材料

水 2L（2000g）
乾香菇 30g
昆布 30g
蘋果 1 顆

_1_ 將黃豆浸泡水中 5～6 小時，之後煮熟放涼。

_2_ 海鮮高湯材料的蘋果切 4 等分，與其他材料一同放入棉布袋。鍋中加入水 2L，熬煮後冷卻備用。

_3_ 煮熟的黃豆、白飯 1 杯、海鮮高湯 3 杯（540g）打成泥狀。

_4_ 洋蔥與蘿蔔切小塊後打成泥。

_5_ 蒜末、薑末、花椒魚露、蝦醬、食鹽備用。

_6_ 取鹽漬完的娃娃菜備用。（＊參考 P.174 鹽漬娃娃菜）。

_7_ 所有的醬料材料攪拌後，倒入娃娃菜的碗中，水芹、珠蔥切段後放入。

_8_ 洋蔥蘿蔔泥放入棉布內榨汁，放入碗中。

_9_ 放入泡菜箱，壓上壓板，於室溫熟成 1 週後，冷藏保存。

可食用 10 日～一個月左右

鹽漬
娃娃菜

娃娃菜又稱「包菜的生菜」，大小適中，外層無綠葉，菜心呈嫩黃色，與醃製泡菜的白菜不同。無須繁雜的處理手續，娃娃菜主要用於製作水泡菜或涼拌，但醃製成泡菜也有另一番風味。

娃娃菜 10 顆
（7kg 左右）

主材料
娃娃菜 10 顆
水 7L（7000g）
粗鹽（天日鹽）
　　7 杯（1120g）

<u>1</u> 娃娃菜自根部切大約 15 公分的深度。

<u>2</u> 取一大盆放入水 7L 與粗鹽 7 杯，調和後放入娃娃菜均勻浸漬。

<u>3</u> 將充分沾取鹽水的娃娃菜放入另一大盆，將剩餘的鹽水倒入後蓋上。鹽漬 4 小時左右。

▶

<u>4</u> 4 小時後，將娃娃菜撕半，然後再闔上蓋子鹽漬 3 小時。

<u>5</u> 3 小時後，娃娃菜若能展開為扇子形狀則代表鹽漬完畢。洗淨後瀝乾水分。

娃娃菜的故事

娃娃菜僅需鹽漬葉片部分，葉莖由於較薄，鹽漬過後易喪失爽脆口感。鹽漬大約需 10 ～ 11 小時。依據當日天氣前後調整 1 ～ 2 小時。

冬季
包菜泡菜

以前在皇宮或開城的上流階層，喜好食用的包菜泡菜，其中加入各種海鮮、松子、紅棗等豐富的珍稀材料，為一道費心製作的精緻菜餚。入冬之後為海鮮豐收的季節，包入當季新鮮海鮮，可當作宴請貴賓或父母壽宴的佳肴。包菜泡菜的外觀如包裹行囊般，因此得名。

老古錐食品工房的秘方
包菜泡菜的缺點為保存期限較短。熟成三、四天後即可食用。

醃製方法

6 份

主材料
醃製白菜葉 24 片
水芹 12 根
蘿蔔 250g
梨子 1 顆
紅棗 10 顆
栗子 15 顆
章魚 2 頭
鮑魚 5 顆
珠蔥 30g
松子 100g

醬料材料
辣椒粉 30g
蒜末 2 又 1/2 大匙（50g）
薑末 1 又 1/2 大匙（15g）
花椒魚露 2 大匙（20g）
蝦醬 1 大匙（20g）

鹽漬材料
水 6L（6000g）
粗鹽（天日鹽）1 杯（160g）

1 將白菜切除根部後，分離葉片。

2 取一大盆，倒入水 6L 與粗鹽 1 杯，調和均勻。

3 白菜葉放入鹽水中，使其均勻浸漬 9～10 小時。注意輕柔拿取，避免破壞白菜葉面。

鹽漬完畢後於水中清洗，瀝乾水分。

4 水芹清洗後，進行鹽漬，再擰乾水分。

5 蘿蔔、梨子切薄片。

6 紅棗切絲，栗子切薄片。

7 章魚、鮑魚處理乾淨，切成方便入口的大小。

_8_ 將珠蔥切碎,再取蒜末、薑末、花椒魚露、蝦醬備用。

_9_ 取一大碗,章魚、鮑魚、蘿蔔片、梨子絲、紅棗片、栗子片、蒜末、薑末、花椒魚露、蝦醬、珠蔥、辣椒粉、松子攪拌均勻。

_10_ 切去鹽漬好的白菜根部,並切除葉端的形狀較美。切下的白菜根部可以放進醬料中攪拌。

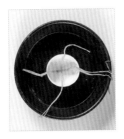 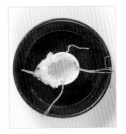  

_11_ 水芹以十字形放置於飯碗。

_12_ 白菜表面向上放入碗中。

_13_ 確保白菜莖部重疊,分別放入 4 片葉子。

_14_ 勺入醬料。

_15_ 包起白菜。

_16_ 用水芹打結,置於室溫熟成 2～3 日後,冷藏保存。

熟成 2～3 日後,可食用 20 日左右

田野間的春季若是勤勞不休，則能換來豐盛的餐桌饗宴。
即使不特別播種，家園內外全是豐盛的食材。
土地長出單花韭、垂盆草、薺菜、蒲公英、艾草、峰斗葉，
樹木冒出新芽。
飽含整個冬季不足的必需營養成分，
春季的食材可謂天然的補品。

春天稚嫩的食材，
可涼拌食用，
也可醃製成美味的泡菜。

春季所挖掘的野菜帶有些許苦味，
正好能與蘋果、梨子或梅子一同拌勻，
呈現酸酸甜甜的初春滋味。
也可醃製成泡菜或醬菜，
春季的餐桌需要運用智慧，料理當季蔬菜。

春季時，為了醃製泡菜也有許多工作得進行。
記得去除粗鹽的鹵水，
記得醃製明年的海鮮醬，
也得記得播種夏天採收的蔬菜。

忙碌的日程，讓原先短促的春天，更加短暫了。

浸漬美好

春季泡菜

辣拌野生
水芹菜

住家四周長滿了茂盛的野生水芹，提著籃子與小刀，很快就能摘採一大籃新鮮野菜。野生水芹菜香氣四溢，葉莖細軟，做成涼拌菜可以增添食慾。使用春季盛產的水芹，無需加入珠蔥、韭菜等食材，保留野生水芹菜最自然的香氣。

老古錐食品工房的秘方
喜歡酸味，可以添加少許的醋。喜歡蒜味，則可加入 1/2 大匙的蒜末。

醃製方法

4 人份

主材料
野生水芹菜 100g

醬料材料
辣椒粉 1 大匙（10g）
花椒魚露 2 大匙（20g）
梅子醬 1 大匙（10g）
醋 1 大匙（10g）
芝麻油 1 大匙（50g）
芝麻 1 大匙（5g）

替代材料
野生水芹菜 ▶ 水芹菜花椒
魚露 ▶ 鰻魚魚露、玉筋魚
魚露

<u>1</u> 野生水芹菜洗淨，瀝乾
水分，切成 2～3 公分
的段狀。

<u>2</u> 取一大碗，放入辣椒
粉、花椒魚露、梅子醬、
醋、芝麻油、芝麻攪拌
均勻。

<u>3</u> 醬料與野生水芹菜混和
均勻，放入泡菜箱後，
隨即可冷藏保存。

野生水芹菜的故事

野生水芹菜由於生長在田
邊，又稱田園芹菜。溪邊經
常能見到其蹤影，因此稱為
野生水芹菜。營養成分與栽
種的水芹菜相差無異，但長
度較短，香氣較重。

可食用
2～3 日左右

辣拌
小白菜

小白菜是成熟前採收的稚嫩白菜，最近即便是冬天也能在溫室栽種，四季皆能購入。一般醃漬成泡菜帶有醇味，而辣拌小白菜能品嘗鮮嫩的口感。小白菜是珍貴春季裡，與蘿蔔一同增添餐桌上美好的食材。可以涼拌食用、醃漬成泡菜，加進大醬湯裡也很美味。辣拌小白菜時，看似不太夠的辣椒粉用量，是突顯小白菜爽脆口感的秘訣。

老古錐食品工房的秘方
喜歡酸味，可添加些許醋。

醃製方法

4 人份

主材料
小白菜 150g（1/4 袋）
珠蔥 30g

醬料材料
辣椒粉 1 大匙（10g）
蒜末 1 大匙（20g）
花椒魚露 2 大匙（20g）
梅子醬 1 大匙（10g）
醋 1 大匙（10g）
芝麻油 1 大匙（10g）
芝麻 1 大匙（5g）

替代材料
花椒魚露 ▶ 鯷魚魚露、
玉筋魚魚露
梅子醬 ▶ 有機砂糖、
梨子

1 摘除枯萎、發黃的外葉，以刀切去根部。

2 輕柔洗淨後，切成 3～4 公分，可方便入口的段狀。

3 將珠蔥切成 2～3 公分的段狀。

4 取一大碗，放入辣椒粉、蒜末、花椒魚露、梅子醬、醋、芝麻油攪拌均勻。

5 於小白菜和珠蔥上倒入醬料，撒上芝麻，放入泡菜箱後，冷藏保存。

小白菜的故事
小白菜源於中國北方地區，分為冬季種與夏季種。韓國多栽種於抱川、南揚州、一山等京畿道地區。

可食用
2～3 日左右

水芹
水泡菜

帶有初春氣息的水芹菜作成水泡菜，可以促進食慾。格外感謝的是，家中附近有著名的水芹菜產地。海拔 200 公尺以上的八公山山腳下，汲取海拔 150 公尺以上的深層岩層水長大的八公山水芹菜，自 2 月下旬開始盛產。擁有獨特香氣的水芹菜能使水泡菜洋溢春日風味。

老古錐食品工房的秘方
蘿蔔或水芹勿鹽漬，才能保持爽脆口感。可用梨子或梅子醬取代砂糖，增添自然甜味。

醃製方法

6 人份

主材料

水芹 100g
蘿蔔 250g
梨子 1/2 顆

麵粉糊材料

水 3 杯（450g）
麵粉 1 大匙（15g）

醬料材料

辣椒粉 1 大匙（10g）
蒜末 1 大匙（20g）
薑末 1/4 大匙（2.5g）
花椒魚露 3 大匙（30g）

替代材料

花椒魚露 ▶ 鯷魚魚露、玉筋魚魚露

水芹的故事

水芹有助於清血管，排毒，是現代人不可或缺的蔬菜。也可降血壓，減緩婦女疾病。韓國著名的水芹產地有慶尚北道的清道、大邱八公山，慶尚南道的宜寧，全羅南道的羅州。產季為 4 月，5 月的芹菜口感較韌，在春季離去前得抓緊腳步，品嘗其美味。

1 麵粉糊煮滾後冷卻，加入辣椒粉混和均勻。

2 水芹洗淨切 2～3 公分的段狀。

3 蘿蔔切長寬 3～4 公分的薄片。

4 梨子磨泥後榨，汁成 1/2 杯備用。

5 取一大碗，放入水芹、蘿蔔、梨子汁。蒜末與薑末置於棉布袋，並倒入花椒魚露。

6 以篩子過濾，加入辣椒粉後攪拌的麵粉糊，放入泡菜箱，置於室溫熟成 8 小時後，冷藏保存。

可食用
一週左右

垂盆草
水泡菜

幾經春雨澆灌大地之際,即能品嘗垂盆草的美味。垂盆草沿著庭園的石牆生長,可摘採製作成水泡菜或涼拌菜,就算沒有其他小菜,也讓人能吃完一整碗的白飯。慶尚道地區經常食用以垂盆草或水芹製成的泡菜。

老古錐食品工房的秘方
垂盆草不經鹽漬,由於果肉柔軟,處理時須小心謹慎,以免破損散發澀味。
蘿蔔鹽漬後不清洗,直接用於醬料。垂盆草水泡菜較易腐敗,不宜久放。

醃製方法

6 人份

主材料
垂盆草 300g
蘿蔔 200g
粗鹽 1 大匙
珠蔥 30g
梨子 1/2 顆

麵粉糊材料
水 3 杯（450g）
麵粉 1 大匙（15g）

醬料材料
辣椒粉 1 大匙（10g）
花椒魚露 2 大匙（20g）
蒜末 1 大匙（20g）
薑末 1/4 大匙（2.5g）
食鹽 2 大匙（30g）

替代材料
花椒魚露 ▶ 鯷魚魚露、玉
筋魚魚露
梨子 ▶ 梅子醬

垂盆草的故事
包含垂盆草的春季野菜，富
含礦物質與維他命 C，在容
易春睏的時節食用可減緩疲
勞。又稱「石像菜」的垂盆
草建議使用帶有輕微苦澀味
的嫩芽。飲用垂盆草汁可以
恢復體力。

1 麵粉糊煮滾放冷
卻，加入辣椒粉
混和均勻。

2 取垂盆草洗淨後，
去除雜質與根部，
瀝乾水分。

3 蘿蔔切成，長寬
5 公分的片狀。

4 蘿蔔用粗鹽 1 大
匙鹽漬 20 分鐘。

5 珠蔥切碎，梨子
榨汁備用。

6 取一大碗，放入垂盆草、鹽漬蘿蔔、
珠蔥。蒜末、薑末放入棉布袋，加入
花椒魚露、食鹽與梨子汁。麵粉糊過
濾後倒入，所有材料攪拌均勻，倒入
泡菜箱置於室溫熟成 8 小時後，冷藏
保存。

可食用
一週左右

187

楤木芽
水泡菜

楤木芽具有「野菜帝王」之稱呼，楤木芽為楤木冒出的嫩芽，自土裡長出的稱為土當歸。楤木芽又稱刺老芽，比起栽種的土當歸，香氣較佳。帶有獨特香氣的楤木芽，可以汆燙後沾醋辣醬食用，也可油炸來吃。製成泡菜時更是另一種淡雅的風味。

老古錐食品工房的秘方
楤木芽泡菜苦味較重，需於室溫熟成 24 小時後再冷藏保存。

醃製方法

10 人份

主材料
楤木芽 250g
梨子 1/2 顆
洋蔥 1 顆

鹽漬材料
水 2 杯（300g）
粗鹽 2 大匙（30g）

麵粉糊材料
水 1L（1000g）
麵粉 1 大匙（15g）

醬料材料
細辣椒粉 1 大匙（10g）
蒜末 1 大匙（20g）
薑末 1/4 大匙（2.5g）
花椒魚露 3 大匙（30g）
細鹽 1 大匙（15g）

替代材料
花椒魚露 ▶ 鯷魚魚露、玉筋魚魚露

楤木芽的故事
楤木芽因產期較短，數量少，是相當珍貴的食材。主要產於江原道一帶。土當歸則是主要產於江原道與忠清北道等地。新芽未展開時，仍帶殼，體積短小、粗壯者為上品。

<u>1</u> 切除楤木芽的根部，用手挑選雜葉。

<u>2</u> 楤木芽鹽漬（水 2 杯，粗鹽 2 大匙）1 小時。

<u>3</u> 熬煮麵粉糊後，冷卻備用。

<u>4</u> 梨子磨泥榨汁，或磨泥放入棉布袋擰之。

<u>5</u> 鹽漬好的楤木芽清洗後瀝乾。挑出較粗的部分，以手撕成方便入口的大小。

<u>6</u> 洋蔥切絲。

<u>7</u> 於麵粉糊加入辣椒粉，過濾倒入碗中。蒜末、薑末放入棉布袋後放進湯汁中。

<u>8</u> 將梨子汁、花椒魚露、細鹽、楤木芽、洋蔥加入攪拌，裝入泡菜箱，於室溫熟成 12 小時後，冷藏保存。

可食用
10 日左右

189

辣拌
單花韭

單花韭是宣告春季來臨的使者。單花韭可以醃製泡菜，也可加進大醬湯。尤其將單花韭製成醬料，拌入白飯品嘗，那是最令人難以忘懷的春日滋味。初春品嘗單花韭不僅因其曼妙的滋味，單花韭性溫，溫和的辣味有助於體寒的人。同時又能減緩胃不適、失眠等症狀，也是活血的藥材之一。

老古錐食品工房的秘方
單花韭又稱「小蒜頭」，帶有辣味，因此辣拌或醃漬時不會另加蒜頭。

醃製方法

4 人份

主材料
單花韭 100g

鹽漬材料
辣椒粉 1 大匙（10g）
花椒魚露 2 大匙（20g）
醋 1 大匙（10g）
梅子醬 1 大匙（10g）
芝麻 1 大匙（5g）

替代材料
花椒魚露 ▶ 鰻魚魚露、玉筋魚魚露

1 單花韭洗淨處理，瀝乾水分。

2 切成 5 公分的段狀。

3 將辣椒粉、花椒魚露、醋、梅子醬、芝麻調和均勻。

4 取一大碗，放入單花韭，倒入醬料後，放進泡菜箱，冷藏保存。

單花韭的故事
球根愈小代表愈稚嫩，球根愈大雖香氣較重，但過大味道較差。建議選用翠綠新鮮，球根不交纏為佳。

可食用
2～3 日左右

茖蔥
泡菜

生長於鬱陵島的茖蔥，又稱「山蒜」、「茖菜」、「芒韭」、「山蔥」等多樣的稱呼。當鬱陵島早期糧食不足的冬季，居民會冒著大雪挖掘茖蔥，因此也得「茗荑」之稱。也是當地的修行僧人常食用的食材，又稱「行者之蒜」。茖蔥通常用醬油醃漬成醬菜，與肉類、飯類料理相互搭配。也可加入辣椒粉製成泡菜也很美味。此道泡菜是我在鬱陵島的餐廳品嘗過後，摸索出來的食譜。

老古錐食品工房的秘方
茖蔥由於味道如蒜頭般辛辣，因此不加入蒜頭。

醃製方法

8 人份

主材料
茖蔥 250g
珠蔥 30g

鹽漬材料
水 2 杯（300g）
粗鹽 2 大匙（30g）

糯米糊材料
海鮮高湯 1/2 杯（90g）
糯米粉 2 大匙（50g）

醬料材料
辣椒粉 2 大匙（20g）
薑末 1/4 大匙（2.5g）
花椒魚露 1 大匙（10g）
蝦醬 1/2 大匙（10g）

替代材料
花椒魚露 ▶ 鯷魚魚露、玉筋魚魚露

茖蔥的故事

鬱陵島是紫萁、一枝黃花、峨參、假升麻、鐵火棍等野菜的產地。茖蔥的盛產地也是鬱陵島，茖蔥與鈴蘭外型相似，茖蔥的葉子較寬大、柔軟。鬱陵島的茖蔥葉片寬大，味道柔和，雉岳山產的茖蔥葉片細長，香氣較重，江原道的麟蹄也有在栽種鬱陵島種的茖蔥。

<u>1</u> 茖蔥洗淨處理後，鹽漬（水 2 杯、粗鹽 2 大匙）1 小時。

<u>2</u> 熬煮糯米糊，冷卻後加入醬料材料的辣椒粉、薑末、花椒魚露、蝦醬調和均勻。

<u>3</u> 鹽漬茖蔥清洗後，瀝乾水分，切成方便入口的大小，放入大碗備用。

<u>4</u> 將珠蔥切 3～4 公分的段狀，放入大碗，與醬料一同攪拌後倒入泡菜箱，於室溫熟成 12 小時後，冷藏保存。

可食用一個月左右

油菜花
蘿蔔泡菜

油菜花與連翹、迎紅杜鵑、櫻花等春季花卉，一同盛開，揭開春季繽紛的到來。或許有人會訝異油菜花也能食用，但油菜花相當適合製成沙拉，或醃製成泡菜。和煦的春季，想轉換餐桌氣氛時，可以購買油菜花與蘿蔔，一同辣拌，是一道如春日櫻花般爽口的泡菜。

老古錐食品工房的秘方
建議挑選尚未盛開的油菜花，口感較嫩。

醃製方法

20 人份

主材料
油菜花 200g
蘿蔔 400g（1/4 顆）
粗鹽 1 大匙（15g）
珠蔥 5 根

糯米糊材料
海鮮高湯 1/2 杯（90g）
糯米粉 2 大匙（50g）

醬料材料
辣椒粉 3 大匙（30g）
蒜末 1/2 大匙（10g）
薑末 1/4 大匙（2.5g）
花椒魚露 2 大匙（20g）
蝦醬 1 大匙（20g）
梅子醬 1 大匙（10g）
芝麻 1 大匙（5g）

替代材料
花椒魚露 ▶ 鯷魚魚露、玉
筋魚魚露

 ▶

1 油菜花切成方便入口的 3～4 公分。蘿蔔切 2～3 公分的薄片，放入粗鹽 1 大匙，鹽漬 1 小時 30 分。

2 熬煮糯米糊冷卻後，加入辣椒粉、蒜末、薑末、花椒魚露、蝦醬、梅子醬、芝麻，調和均勻。

3 油菜花與蘿蔔用清水洗淨後瀝乾水分，珠蔥切 3～4 公分段狀。

4 取一大碗，放入油菜花、蘿蔔、珠蔥，再拌入醬料，倒入泡菜箱，於室溫熟成 8 小時後，冷藏保存。

油菜花的故事
近年來相當流行觀賞油菜花，但油菜花自古以來就是涼拌菜或泡菜的常見食材。濟州島會榨取油菜花的油，又稱「黃花菜」。日本稱為「春菜」。油菜花富含維生素 C，而抗氧化的維生素 A 比白菜還要多 12 倍。

可食用
20 日左右

195

蜂斗菜
泡菜

春季降臨，蜂斗菜就會在田園邊頻頻冒頭，不知不覺，稚嫩的葉子如氣球般茂盛，蜂斗菜（Meo Wi）擁有許多音近的稱呼，例「Meo U」、「Meong U」、「Meo Gu」也稱「款冬花」。初春的蜂斗菜可以汆燙嫩葉，作為涼拌菜或醃製泡菜。蜂斗菜略帶苦澀的滋味，讓人感覺吃了有益身體健康。葉片較大的蜂斗菜可製成煎餅，也可汆燙後包菜食用。夏季的蜂斗菜葉子較硬，苦味強，無法食用，但其莖部可以熱炒食用。春季至夏季，只要家裡有蜂斗菜，則無須擔心餐桌上會少了一味。

老古錐食品工房的秘方
可如醬菜般，是保存期間較長的泡菜。

醃製方法

8 人份

主材料
蜂斗菜 150g
珠蔥 30g

鹽漬材料
水 1/2 杯（75g）
粗鹽 2 大匙（30g）

糯米糊材料
海鮮高湯 1/2 杯（90g）
糯米粉 1 大匙（25g）

醬料材料
辣椒粉 2 大匙（20g）
蒜末 1 大匙（20g）
薑末 1/4 大匙（2.5g）
花椒魚露 2 大匙（20g）
梅子醬 2 大匙（20g）

替代材料
花椒魚露 ▶ 鯷魚魚露、玉
筋魚魚露

蜂斗菜的故事
蜂斗菜纖維質豐富，熱量
低，是相當受歡迎的減重食
品。蜂斗菜、珠蔥的葉子建
議選用稚嫩者，莖部的粗細
不超過小指，莖部筆直者尤
佳。

1 蜂斗菜苦味較重，取嫩
葉製作。清洗一次過後
鹽漬（水 1/2 杯，粗鹽
2 大匙）30 分鐘。

2 蜂斗菜鹽漬過後瀝乾水
分。珠蔥切 3～4 公分
段狀。

3 熬煮糯米糊後冷卻，加入辣椒
粉、蒜末、薑末、花椒魚露、梅
子醬，調和均勻，加入蜂斗菜、
珠蔥拌勻後放進泡菜箱，於室
溫熟成 8 小時後，冷藏保存。

可食用
20 日左右

197

小芥菜
泡菜

入冬時期醃製的小芥菜泡菜於晚春或夏季時食用，將能品嘗醇厚高雅的滋味，小芥菜主要盛產於南海或麗水。一般醃製泡菜時加入醬料裡的芥菜，與麗水盛產的芥菜有所不同。

老古錐食品工房的秘方
喜好芥菜辛辣味的人，可在醃製後隨即時用。
可以放入香蕉泥，使整體味道香甜柔和。

醃製方法

四人家庭一個月的食用量

主材料
小芥菜 1 把（2.3kg 左右）
蘿蔔（泥狀）400g
珠蔥 300g

鹽漬材料
水 2L（2000g）
粗鹽 200g

糯米糊材料
海鮮高湯 1 杯（180g）
冷飯 2 大匙（100g）

醬料材料
辣椒粉 1 又 1/2 杯（150g）
蒜末 3 大匙（60g）
薑末 1 大匙（10g）
花椒魚露 1/2 杯（120g）
蝦醬 3 大匙（60g）
洋蔥 1 顆
梅子醬 3 大匙（30g）

替代材料
花椒魚露 ▶ 玉筋魚魚露、
鯷魚魚露

1 小芥菜整理多餘的殘枝，保留整株，無須去根部，鹽漬（水 2、粗鹽 200g）2 小時，清水洗淨後瀝乾水分。瀝乾 3 小時。

2 分別將蘿蔔與醬料內的洋蔥，磨泥備用。

3 在海鮮高湯內加入冷飯，熬煮成糯米糊後冷卻，倒入蘿蔔汁。

4 糯米糊加入辣椒粉、蒜末、薑末、花椒魚露、蝦醬、洋蔥汁、梅子醬調勻。

5 小芥菜、珠蔥與醬料混和均勻。

6 取芥菜與珠蔥適當入口的量，綁成一束，依序放入泡菜箱，置於室溫熟成 4～5 日後，冷藏保存。

小芥菜的故事
小芥菜分為綠色與紫色。綠色的小芥菜口感柔嫩，紫色的香氣較強。醃製泡菜時建議選用莖部較寬，觸感柔緩，麗水產的新鮮小芥菜。

可食用
一個月左右

香椿
泡菜

香椿以寺院飲食聞名，又稱椿芽。可與辣椒醬拌勻後煎餅，也可醃製成醬菜或拌入糯米糊，風乾後油炸食用。再者，到春天的市場買一把採收期短暫的香椿，製成泡菜，是不可少的例行活動。

老古錐食品工房的秘方
香椿也可包飯吃，醃製後可隨即食用，
也可熟成後食用。

醃製方法

10 人份

主材料
香椿 250g

鹽漬材料
水 2 杯（300g）
粗鹽 2 大匙（30g）

糯米糊材料
海鮮高湯 1/2 杯（90g）
糯米粉 2 大匙（50g）

醬料材料
辣椒粉 2 大匙（20g）
蒜末 1 大匙（20g）
薑末 1/4 大匙（2.5g）
花椒魚露 3 大匙（30g）
梅子醬 2 大匙（20g）

替代材料
花椒魚露 ▶ 鯷魚魚露、玉
筋魚魚露

1 香椿洗淨後，鹽漬（水 2 杯，粗鹽 2 大匙）1 小時。

2 熬煮糯米糊冷卻後，依序加入辣椒粉、蒜末、薑末、花椒魚露、梅子醬，調和均勻。

3 清洗好鹽漬的香椿，瀝乾水分後切去根部。

4 取一大碗放入香椿與醬料，攪拌均勻後放入泡菜箱，冷藏保存。

香椿的故事
香椿是春季的野菜之一，帶有獨特的香氣，富含鈣質，建議選用葉片軟嫩不厚實，散發淡麗紫紅光者尤佳。

可食用
一個月左右

花椒葉
泡菜

花椒樹的枝葉稱為花椒葉，具有獨特的香氣，咀嚼後嘴巴清涼。佛家有食用花椒葉可去頭蝨之說。花椒葉可製成醬菜或醃製泡菜，更可煎成辣椒醬餅。花椒可以放入泡菜，或將花椒外皮磨製成粉，加入泥鰍湯調味，可有效去除蔬菜的澀味與肉類、淡水魚類的腥味。

老古錐食品工房的秘方
花椒葉香氣較重，因此不另加蒜頭與生薑。

醃製方法

20 人份

主材料
花椒葉 100g

鹽漬材料
糯米粉 3 大匙（75g）
海鮮高湯 1/2 杯（90g）

糯米糊材料
辣椒粉 1 大匙（10g）
花椒魚露 3 大匙（30g）
梅子醬 2 大匙（20g）

替代材料
花椒魚露 ▶ 鯷魚魚露、
玉筋魚魚露

_1_ 去除較粗的莖部，洗淨
後瀝乾水分。

_2_ 熬煮糯米糊，冷卻後加
入辣椒粉、花椒魚露、
梅子醬，調和均勻。

_3_ 取一大碗，放入花椒葉
和醬料，攪拌後倒入泡
菜箱，冷藏保存。

花椒的故事

花椒（초피，Cho Pi）於各地
有許多音近形似的稱呼，慶
尚道稱「재피，Jae Pi」，
忠清道稱「젠피，Jen Pi」，
北方稱「조피，Jo Pi」，雖
然味道辛辣，香氣重，卻無
毒性。花椒葉的葉片過大
者，口感較韌，建議選用嫩
葉。

可食用
一個月左右

青蒜苗
泡菜

2月到來時，即能聽到南部採收新鮮蒜苗的消息。青蒜意指「尚未成熟的大蒜苗」。大蒜長大前採收的蒜苗，可以汆燙製成涼拌菜，或醃製泡菜、拌炒、生拌等多種料理用途。球莖成形後口感較硬，建議在嫩芽時就進行醃製。

老古錐食品工房的秘方
紫蘇籽粉特有的濃郁口感
能中和辛辣的蒜味。

醃製方法

20 人份

主材料
青蒜苗 300g（8 根左右）

鹽漬材料
水 6 大匙（300g）
粗鹽 4 大匙（60g）

糯米糊材料
海鮮高湯 1 杯（180g）
糯米粉 3 大匙（75g）
紫蘇籽粉 1 大匙（10g）

醬料材料
辣椒粉 3 大匙（30g）
薑末 1/4 大匙（2.5g）
花椒魚露 3 大匙（30g）
蝦醬 1 大匙（20g）
梅子醬 1 大匙（10g）

替代材料
花椒魚露 ▶ 鰻魚魚露、玉
筋魚魚露

* 青蒜苗無需鹽漬也很美味。

1 去除青蒜外皮，切除根部。

2 青蒜蒜苗洗淨後切 2～4 公分的段狀。

3 鹽漬（水 6 大匙，粗鹽 4 大匙）1 小時後洗淨，瀝乾水分。

4 熬煮糯米糊後冷卻，加入辣椒粉、薑末、花椒魚露、蝦醬、梅子醬。

5 取一大碗，放入青蒜苗與醬料，攪拌均勻後倒入泡菜箱，於室溫熟成 24 小時後冷藏保存。

青蒜苗的故事

粗大肥厚的青蒜，纖維過多，口感較韌，建議選大小適中的青蒜苗。根部較柔軟者為濟州島南部栽種的品種，較結實有彈性者為溫室栽種。

辣拌
艾草

艾草是春季滋味的女王。可用些許醬料突顯艾草的香氣,除了辣拌艾草之外,也能製成艾草年糕、艾草湯、油炸艾草,豐富的料理方式能品嘗這份春季特有的食材。也能製成茶品或風乾後加入麵茶一同品嘗。

老古錐食品工房的秘方
體積較大的艾草,味道苦澀,口感較韌,建議選用稚嫩的艾草。

醃製方法

4 人份

主材料
艾草 50g
蘋果 1/4 顆（130g）

醬料材料
辣椒粉 1 大匙（10g）
花椒魚露 1 大匙（10g）
醋 1 大匙（10g）
梅子醬 1 大匙（10g）
芝麻 1 大匙（5g）

替代材料
花椒魚露 ▶ 鰻魚魚露、
玉筋魚魚露

1 挑選稚嫩的艾草，洗淨
後瀝乾水分。

2 蘋果洗淨，帶皮切絲。

3 將辣椒粉、花椒魚露、
醋、梅子醬、芝麻調和
備用。

4 取一大碗，放入艾草與
蘋果，倒入醬料攪拌均
勻，放入泡菜箱後，隨
即冷藏保存。

艾草的故事
孟子曰：「七年之病，求三
年之艾。」自古以來，艾草
就是良藥。對於治療婦女疾
病具有功效，可消除體內的
寒氣與溼氣，也能改善高血
壓，降低膽固醇。

可食用
2 日左右

辣拌
蒲公英葉

充滿自然光照的庭園一角，我會挖取蒲公英葉涼拌或醃製泡菜。若使用開花的蒲公英葉，口感較苦，選用開花前的蒲公英葉，最為美味。蒲公英有著豐富的料理方法，花卉與大葉可以油炸，也可風乾後煮沸飲用。經常磨粉與麵茶食用。也可取等量的砂糖混合後，醃漬成蒲公英果醬。

老古錐食品工房的秘方
也可加入蘋果涼拌，更顯美妙滋味。

醃製方法

4 人份

主材料
蒲公英葉 50g
梨子 1/4 顆（150g）

醬料材料
辣椒粉 1 大匙（10g）
花椒魚露 1 大匙（10g）
醋 1 大匙（10g）
梅子醬 1 大匙（10g）
芝麻油 1 大匙（50g）

替代材料
花椒魚露 ▶ 鯷魚魚露、玉
筋魚魚露

1 將蒲公英葉自粗
莖摘下，於流動
的水清洗。

2 瀝乾備用。

3 取梨子去皮後，切
絲。

4 辣椒粉、花椒魚
露、醋、梅子醬、
芝麻油調和均
勻。

5 取一大碗放入蒲
公英葉與梨子，
倒入醬料攪拌均
勻，放於泡菜箱
後，隨即冷藏保
存。

蒲公英葉的故事
生命力旺盛的蒲公英，在研
究出具有療效成分後，廣泛
用於各種料理之中，可以榨
汁、油炸、湯麵、泡菜等等。
蒲公英性涼，可以退燒或解
毒。《東醫寶鑑》記載：「具
有解熱、消瘡、消腫塊、解
毒、降濕氣」等功效。

可食用
2 日左右

209

青海苔
水泡菜

用春季盛產的食材，殷勤醃製泡菜時，青海苔是不能忘記的材料，可用醃製泡菜的湯汁用來醃製成水泡菜。酸甜可口的泡菜湯汁可促進春天的食慾，此道菜餚簡易，僅需備好泡菜湯汁，由於泡菜湯汁已調味完畢無需另外製作醬料，即可上桌。

老古錐食品工房的秘方
若泡菜湯汁較鹹，可以用梅子醬或清水，取代梨子。

醃製方法

4 人份

主材料
青海苔 1 捆（100g）
粗鹽 1 大匙（15g）
泡菜湯汁 1 杯（50g）
梨子 1/4 顆（150g）
珠蔥 3 根

1 取粗鹽 1 大匙與青海苔抓揉，於流動的水清洗 3 ～ 4 遍。

2 泡菜湯汁過濾，備用。

3 梨子取 1/8 顆切碎，剩下的梨子放入棉袋榨汁，珠蔥切細。

4 取一大碗放入青海苔、泡菜湯汁、梨碎末、梨汁、珠蔥，攪拌均勻後倒入泡菜箱，冷藏保存。

青海苔的故事
是大海中營養劑的青海苔，含有豐富的鉀、碘、鈣，熱量低，纖維豐富，可預防便秘，幫助減重，建議選用有光澤，帶有特殊香氣的。

可食用一週左右

羊棲菜
醃蘿蔔塊

春季至初夏時，莞島和濟州島將忙於採收羊棲菜。在慶尚道，咬下後氣囊會啵啵作響的羊棲菜稱為「羊棲草」，全羅北道的高敞稱為「大甘菜」或「土尾菜」，濟州島以特有的方言發音，稱為「톨，Tol」。在糧食不濟的時期，人們會將羊棲菜與白米一同煮飯，或汆燙食用，現代除了能煮成羊棲菜飯外，還能與蘿蔔塊醃製，成為一道充滿海洋鮮味的泡菜。羊棲菜的鮮甜能使料理帶來一股清爽風味。

老古錐食品工房的秘方
春季至初夏的羊棲菜最為柔嫩。

醃製方法

10 人份

主材料
羊棲菜 150g
蘿蔔 600g
粗鹽 1 大匙（15g）
梨子 1/2 顆
珠蔥 30g

糯米糊材料
海鮮高湯 1/2 杯（90g）
糯米粉 2 大匙（50g）

醬料材料
辣椒粉 3 大匙（30g）
蒜末 1 大匙（20g）
薑末 1/2 大匙（5g）
花椒魚露 2 大匙（20g）
蝦醬 1 大匙（20g）
梅子醬 2 大匙（20g）

替代材料
梅子醬 ▶ 有機砂糖、梨子
花椒魚露 ▶ 玉筋魚魚露、
鯷魚魚露

1 將羊棲菜切成方便入口的大小，於清水洗淨。

2 蘿蔔切成長寬1.5公分的塊狀，用粗鹽 1 大匙鹽漬 30 分鐘，然後洗淨。

3 羊棲菜與蘿蔔瀝乾水分。

4 梨子切絲，珠蔥切碎。

5 熬煮糯米糊冷卻後，加入辣椒粉、蒜末、薑末、花椒魚露、蝦醬、梅子醬調和均勻。

6 取一大碗，羊棲菜、蘿蔔、梨子、珠蔥與醬料攪拌，放入泡菜箱，冷藏保存。

羊棲菜的故事
注文津以南至西海岸的長山岬，皆能摘採羊棲菜，尤其是南海岸與濟州島是盛產地。富含鈣與鉀，有助於預防貧血，對於高血壓患者是很好的海洋藻類。建議選用具有光澤、粗細一致尤佳。

可食用
10 天左右

嫩蘿蔔
水泡菜

不加辣椒粉的溫和泡菜,可提供給孩童或無法吃辣的病人食用。

孩童享用 OK !

老古錐食品工房的秘方

嫩蘿蔔需於鹽漬後再進行刀工,否則將喪失蘿蔔特有的甜味與爽脆口感。蒜末與薑末需置於棉布袋中,再放入缸中一同醃製才能保持水泡菜清澈的湯汁。

醃製方法

20 人份

主材料
嫩蘿蔔 1 袋（8 顆左右）
珠蔥 30g

鹽漬材料
水 1 杯（150g）
粗鹽 3 大匙（45g）

麵粉糊材料
水 1.5L（1500g）
麵粉 2 大匙（30g）

醬料材料
梨子 1 顆
紅辣椒 1 根
蒜末 1 大匙（20g）
薑末 1/4 大匙（2.5g）
花椒魚露 3 大匙（30g）
食鹽 2 大匙（30g）

替代材料
花椒魚露 ▶ 鯷魚魚露、玉
筋魚魚露
梅子醬 ▶ 有機砂糖

嫩蘿蔔的故事
建議選用體型嬌小，外皮
薄，表面光滑，蘿蔔葉柔軟
者尤佳。

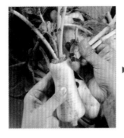  

1 摘除粗糙的葉子，以刀切除根部不平整之處，削皮。

2 洗淨後，鹽漬（水 1 杯，粗鹽 3 大匙）2 小時。

3 鹽漬後洗淨切 4～5 等分。

4 熬煮麵粉糊後，冷卻。

5 取珠蔥切 2 公分的段狀，紅辣椒切半去籽。

6 梨子磨泥取汁與蒜末、薑末放入棉布袋。

7 取一大碗放入嫩蘿蔔、珠蔥、紅辣椒、麵粉糊、蒜末、薑末、梨汁、花椒魚露、食鹽攪拌均勻，置於室溫熟成 24 小時後，冷藏保存。

可食用
15 日左右

春季
珠蔥泡菜

如同每到盛夏的伏天即會食用豆漿麵或蔘雞湯養氣補身。每到春天一定要醃製的泡菜就是珠蔥泡菜。雖然珠蔥一年四季皆能購入，但秋天播種，初春採收的珠蔥最美味，春季珠蔥無須鹽漬就很美味。珠蔥可以醃製後隨即食用，也可以冷藏至夏末。

老古錐食品工房的秘方
無須鹽漬，洗淨後醃製能嚐到最鮮美的滋味。

醃製方法

20 人份

主材料
珠蔥 800g

鹽漬材料
水 2 杯（300g）
粗鹽 5 大匙（75g）

醬料材料
辣椒粉 15 大匙（150g）
薑末 1/2 大匙（5g）
花椒魚露 3 大匙（30g）
蝦醬 3 大匙（60g）
梅子醬 2 大匙（20g）
芝麻 2 大匙（10g）

替代材料
花椒魚露 ▶ 鯷魚魚
露、玉筋魚魚露
梅子醬 ▶ 有機砂糖

不經鹽漬的方法
珠蔥 800g
糯米粥 1 杯
蒜末 1 大匙
薑末 1 小匙
辣椒粉 4 大匙
花椒魚露 4 大匙
蝦醬 3 大匙
梅子醬 3 大匙

<u>1</u> 珠蔥洗淨後鹽漬（水 2
杯，粗鹽 5 大匙）1 小
時，用流動的水清洗，
瀝乾水分。鹽漬 30 分
鐘時需上下翻面，確保
整體鹽漬均勻。

<u>2</u> 取一大碗，放入珠蔥，
加入辣椒粉、薑末、花
椒魚露、蝦醬、梅子醬、
芝麻。

<u>3</u> 將醬料與珠蔥輕輕拌
勻，取方便入口的大小
捲起，置於室溫 24 小
時後，冷藏保存。

珠蔥的故事
細蔥因形狀細長而得名，除了根部以外，與
珠蔥相當類似。細蔥為一字形，珠蔥較圓潤，
建議選用蔥綠柔軟，根部不過大為佳。

可食用
一個月左右

春季
韭菜泡菜

韭菜泡菜依據醃製季節的不同，有著些微差異。溫室栽種的韭菜味道差異不大，但露地栽種的春季韭菜，甜味明顯。夏季韭菜水分多，味道較淡，秋季韭菜則因水分較少，口感較韌。

老古錐食品工房的秘方
醃製韭菜泡菜時可加入高麗菜，享受不同風味。

醃製方法

30 人份

主材料
韭菜 1kg
紅蘿蔔 1 顆

醬料材料
辣椒粉 130g
薑末 1 大匙（10g）
花椒魚露 100g
蝦醬 60g
芝麻 8 大匙（40g）
梅子醬 3 大匙（30g）

替代材料
花椒魚露 ▶ 鯷魚魚露

1 韭菜去除頭尾。

2 並將韭菜切成方
便入口的段狀。

3 取紅蘿蔔切絲，
備用。

4 辣椒粉、薑末、
花椒魚露、蝦醬、
芝麻備用。

5 取一大碗，放入
薑末、花椒魚露、
蝦醬、紅蘿蔔絲，
攪拌後，加入韭
菜輕輕拌勻。

6 倒入辣椒粉攪拌。

7 撒上芝麻後確認
味道，加入梅子
醬調味，放入泡
菜箱即可冷藏保
存。

隨即可食用
至 30 日左右

蘿蔔葉
水泡菜

蘿蔔葉子菜的蘿蔔葉，根部細小，葉莖厚實，葉子多，春天至夏天也經常製作成泡菜食用。春季的蘿蔔葉水分較少，口感稚嫩，洗淨後無須鹽漬，可以隨即與醬料攪拌。

老古錐食品工房的秘方
鹽漬完洗淨後拌入醬料時，記得調節力道，否則菜蔬的澀味會被撐出。可用洋蔥取代蘿蔔，進行醃製。

10 人份

主材料
蘿蔔葉 1 袋（1kg）
蘿蔔 200g
珠蔥 30g
紅辣椒 2 根

鹽漬材料
水 3 杯（450g）
粗鹽 3 大匙（45g）

麥糊材料
水 4 杯（600g）
麥粉 1 大匙（50g）

醬料材料
辣椒粉 2 大匙（20g）
蒜末 1 大匙（20g）
薑末 1/2 大匙（5g）
花椒魚露 3 大匙（30g）
梅子醬 2 大匙（20g）

替代材料
花椒魚露 ▶ 鯷魚魚露、
玉筋魚魚露梅子醬 ▶
梨子

蘿蔔葉的故事
建議挑選葉與莖不過硬，沒
有枯萎，大小適中，筆直者
為佳。葉子有孔洞表示未使
用農藥。

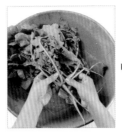

_1_ 去除多餘的枝葉，切 4 ～ 5 公分的段狀。

_2_ 蘿蔔葉於流動的水洗淨後鹽漬（水 3 杯，粗鹽 3 大匙）1 小時，清洗一次後瀝乾水分，過程需上下翻面，確保水分完全瀝乾。

_3_ 麥粉與水 4 杯放入鍋中，以打蛋器攪拌，煮滾後冷卻。

_4_ 蘿蔔切一致厚度的絲狀。

_5_ 珠蔥切 3 ～ 4 公分的段狀，紅辣椒切半去籽。

_6_ 取一大碗，放入蘿蔔葉、蘿蔔、珠蔥、紅辣椒、麥糊，辣椒粉用篩網過濾後加入。蒜末、薑末、花椒魚露、梅子醬攪拌後與所有材料拌勻。倒入泡菜箱，於室溫熟成 8 小時後，冷藏保存。

可食用
20 日左右

洋蔥
泡菜

晚春的日曬洋蔥帶有鮮脆口感，可直接食用，熟成後其辣度降低，散發自然甜味，可品嘗洋蔥特有的香氣與清爽滋味。

老古錐食品工房的秘方
洋蔥已有辣味，因此不另加蒜頭。

醃製方法

20 人份

主材料
洋蔥 1kg（10 顆左右）

鹽漬材料
水 4 杯（600g）
粗鹽 4 大匙（60g）

糯米糊材料
海鮮高湯 1/2 杯（90g）
糯米粉 2 大匙（50g）

醬料材料
辣椒粉 4 大匙（40g）
花椒魚露 5 大匙（50g）
蘋果 1/4 顆
紅蘿蔔 50g

替代材料
花椒魚露 ▶ 鯷魚魚露、玉筋魚魚露

洋蔥的故事
意為「自西洋來的蔥」，因得其名。原產於波斯帝國，朝鮮時代流傳進來。根據味道有甜味洋蔥與辣味洋蔥。根據果肉顏色有金黃色、紫色、白色洋蔥。建議挑選有重量，表皮帶光澤且乾燥者為佳。醃製洋蔥泡菜時，建議挑選體型較小者。

_1_ 取小型洋蔥去皮，劃刀不切斷，分成 4～8 等分。

_2_ 將洋蔥進行鹽漬（水 4 杯，粗鹽 4 大匙）1 小時。過程翻面一次。

_3_ 熬煮糯米糊後，冷卻備用。

_4_ 鹽漬好的洋蔥洗淨，切口面向下瀝乾水分。

_5_ 取一大碗，放入紅蘿蔔絲與蘋果絲，將倒入糯米糊、辣椒粉、花椒魚露，攪拌均勻。

_6_ 將醬料填滿洋蔥的切口，置於泡菜箱內，冷藏保存。

可食用
15 日左右

蒜苔
泡菜

常用於醬菜或熱炒的蒜苔,又稱「蒜薹」、「蒜苗」。新鮮的蒜苔為深綠色,莖部細長有彈性,無論是製作泡菜或醬菜,皆能享用鮮甜辛辣的口感,促進食慾。

老古錐食品工房的秘方
蒜苔泡菜的保存期限較長。

醃製方法

20 人份

主材料
蒜苔 500g

鹽漬材料
水 1L（1000g）
粗鹽 1 杯（160g）

糯米糊材料
海鮮高湯 1 杯（180g）
糯米粉 3 大匙（75g）

醬料材料
辣椒粉 3 大匙（30g）
薑末 1/2 大匙（5g）
自製醬油 5 大匙（250g）
梅子醬 3 大匙（30g）
芝麻 1 大匙（5g）

替代材料
梅子醬 ▶ 有機砂糖

_1_ 將蒜苔根部較粗之處去除。　　_2_ 以手折 3～4 公分的段狀。　　_3_ 將蒜苔鹽漬（水 1L，粗鹽 1 杯）6 小時。

_4_ 鹽漬後的蒜苔清洗過後，瀝乾水分。　　_5_ 熬煮糯米糊，冷卻後加入辣椒粉、薑末、自製醬油、梅子醬、芝麻，調和均勻。　　_6_ 加入蒜苔攪拌，放入泡菜箱，置於室溫 24 小時後，冷藏保存。

蒜苔的故事
大蒜的產地就是蒜苔的產地，農村振興廳進行動物實驗結果顯示，蒜苔有效改善高血壓、腹部肥胖、高血脂、糖尿病代謝綜合症。該研究結果還刊登在英國學術專刊《食品農業科學雜誌》與官方網站。

可食用
一個月左右

蘿蔔片
水泡菜

一年四季皆能在家中吃到的泡菜，想必就是蘿蔔片水泡菜了。湯汁的味道取決於蘿蔔。秋天貯存的蘿蔔水分較少，無須鹽漬即能享用爽脆口感。當一般泡菜有些酸澀，想轉換清爽滋味時，就用春天的蘿蔔動手製成蘿蔔片水泡菜吧。

老古錐食品工房的秘方
鹽漬完的蘿蔔無須清洗。

醃製方法

10 人份

主材料
蘿蔔 600g
細鹽 1 大匙（15g）
梨子 1/4 顆
蘋果 1/2 顆
珠蔥 50g
水芹 50g

麵粉糊材料
水 1L（1000g）
麵粉 1 大匙（15g）

醬料材料
蒜末 1 大匙（20g）
薑末 1/4 大匙（2.5g）
花椒魚露 4 大匙（40g）
辣椒粉 1 大匙（10g）

替代材料
花椒魚露 ▶ 鯷魚魚露

1 蘿蔔去皮洗淨，切長寬 1.5 公分，厚 0.5 公分的薄片，與細鹽 1 大匙鹽漬 30 分鐘。

2 取一鍋，放入水 1L，麵粉 1 大匙，以打蛋器攪拌，煮滾 10 分鐘後，冷卻備用。

3 梨子磨泥，榨汁。蘋果切成如蘿蔔片般的大小。珠蔥、水芹切 2～3 公分的段狀。蒜末與薑末放入棉布袋。

4 取一大碗，倒入麵粉糊，辣椒粉過篩後，加入花椒魚露、蘿蔔、梨子汁、蘋果、珠蔥、水芹、蒜末、薑末，倒入泡菜箱，置於室溫熟成 8 小時後，冷藏保存。

蘿蔔的故事
蘿蔔可依據料理挑選適合的形狀與大小。製作水蘿蔔類的泡菜建議選用體積較小的蘿蔔。有放入醬料的則建議選用辣度與甜味明顯的蘿蔔。有重量，表面有光澤，上方綠色比例較多則代表甜味明顯。

可食用
20 日左右

新鮮鯷魚
白菜泡菜

春天的漁港相當容易買到生鯷魚，不過我所居住的大邱，卻難以買到新鮮的鯷魚。因此我下定決心，來回好幾趟水產市場，才買到了新鮮的生鯷魚。生鯷魚雖不易購買，但愈經熟成，層次豐富的滋味就愈迷人。

老古錐食品工房的秘方
生鯷魚去除頭部與內臟，與食鹽攪拌。熟成一週後與醬料混和，將是一道誘人的美味。

醃製方法

30 人份

主材料
白菜 2 顆（6kg 左右）
蘿蔔 1/2 顆（600g 左右）
梨子（中型）1 顆
韭菜 100g
生鰻魚 500g

鹽漬材料
水 2L（2000g）
粗鹽 3 杯（480g）

糯米粥材料
海鮮高湯 3 杯
糯米 80g

醬料材料
辣椒粉 3 杯（300g）
蒜末 4 大匙（80g）
薑末 1 大匙（10g）
花椒魚露 1 杯（240g）
蝦醬 1/2 杯（100g）

替代材料
花椒魚露 ▶ 鰻魚魚露、玉筋魚魚露

1 白菜洗淨後，將其鹽漬（水 2L，粗鹽 3 杯）8 小時，清洗後瀝乾水分。

2 蘿蔔與梨子切絲，韭菜切 3～4 公分的段狀。

3 生鰻魚切去頭部，剔除內臟與魚骨。

4 先將糯米泡發 4 小時，與海鮮高湯放進壓力鍋熬煮。冷卻後，加入蘿蔔、梨子、韭菜、辣椒粉、蒜末、薑末、花椒魚露、蝦醬拌勻。

5 鰻魚放入醬料內攪拌均勻。

6 於白菜間均勻抹上醬料，放入泡菜箱，室溫熟成 10 小時後，冷藏保存。

生鰻魚的故事
鰻魚的產季為春天，自 2 月到 6 月所捕撈的鰻魚，肉質柔軟，風味絕佳。建議選用新鮮，魚身帶銀光，背部泛藍光尤佳。

可食用一個月左右

花椒葉
白菜泡菜

花椒果實成熟後，可將花椒籽去除，皮曬乾磨粉，加入鮮魚湯或泥鰍湯食用。花椒葉在早春時會少量地出現在市場，若是沒有花椒葉，也可改用初秋的花椒果。使用花椒果所醃製的泡菜，香辣爽口，可以隨即食用。花椒果實可延長泡菜的保存期限，為天然的防腐劑，可品嘗菜蔬鮮美的滋味。

老古錐食品工房的秘方
可在秋天購入花椒果實，去除花椒籽後，將果皮曬乾備用。

醃製方法

20 人份

主材料
白菜 1.5kg
韭菜 100g
花椒粉 1 大匙（50g）

鹽漬材料
水 1L（1000g）
粗鹽 1/2 杯（80g）

糯米粥材料
海鮮高湯 2 杯（360g）
糯米粉 7 大匙（105g）

醬料材料
梨子 1/2 顆
辣椒粉 5 大匙（50g）
蒜末 2 大匙（40g）
薑末 1/2 匙（5g）
花椒魚露 3 大匙（30g）
蝦醬 2 大匙（40g）

替代材料
花椒魚露 ▶ 鯷魚魚露、玉
筋魚魚露
花椒粉 ▶ 花椒葉

1 白菜洗淨後，切成
方便入口的大小。

2 白菜鹽漬（水1L，
粗鹽 1/2 杯）5 小
時，清洗後瀝乾
水分。

3 熬煮糯米糊後冷
卻備用。

4 韭菜切 3～4 公
分的段狀。

5 梨子磨泥榨汁。

6 取一大碗，放入
白菜與韭菜。糯
米糊、梨汁、辣
椒粉、蒜末、薑
末、花椒魚露、
蝦醬調和後拌
入。最後加入花
椒粉，攪拌均勻
後，放入泡菜箱
冷藏保存。

花椒果的故事
花椒果可於傳統市場購入，
放置家中陰涼處存放。花椒
葉可製成醬菜、辣椒醬餅、
鍋物、煮湯、泡菜、涼拌等
料理。

> 可食用
> 一個月左右

韭菜
辣拌白菜

為簡單、方便的辣拌泡菜，無需使用糯米粥或糯米糊。尚未熟成時，為一道清爽可口的小菜。熟成後加入鍋物熬煮，增添淡雅風味。醃製後隨時可上桌食用。

老古錐食品工房的秘方
韭菜洗淨後無需經過鹽漬處理。

醃製方法

30 人份

主材料
白菜 1kg
韭菜 300g

鹽漬材料
水 1L（1000g）
粗鹽 1/2 杯（80g）

醬料材料
梨子 1/2 顆
辣椒粉 5 大匙（50g）
蒜末 2 大匙（40g）
薑末 1/2 大匙（5g）
花椒魚露 3 大匙（30g）
蝦醬 2 大匙（40g）

替代材料
花椒魚露 ▶ 鯷魚魚露、玉筋魚魚露

1 白菜洗淨後，切成方便入口的大小，大約 3～4 公分。

2 白菜鹽漬（水 1L，粗鹽 1/2 杯）4 小時，清洗後瀝乾水分。

3 梨子去皮，磨泥榨汁，與辣椒粉、蒜末、薑末、花椒魚露、蝦醬攪拌均勻。

4 韭菜洗淨後切 3～4 公分的段狀。

5 取一大碗，放入白菜、韭菜與醬料，攪拌均勻後放入泡菜箱，冷藏保存。

韭菜的故事
韭菜可以搭配許多料理，春季露地栽培的韭菜稱為「初收韭菜」，充滿營養素，滋味鮮美。

可食用 20 日左右

萵苣
泡菜

萵苣泡菜可隨即食用，增添春季的食慾。萵苣有著豐富的形狀、色彩、名稱，除了泡菜之外，還能製成煎餅、涼拌菜等多種料理。

老古錐食品工房的秘方

葉片太過細嫩的萵苣容易受到碰撞，因此建議選用較結實的萵苣。
與醬料攪拌時也記得調節力道，保持萵苣的完整。
萵苣無需鹽漬，洗淨後即可醃製泡菜。

醃製方法

20 人份

主材料
萵苣 1 袋（800g）
珠蔥 100g

鹽漬材料
水 1L（1000g）
粗鹽 2 大匙（30g）

糯米糊材料
水 1 杯（150g）
糯米粉 4 大匙（100g）

醬料材料
辣椒粉 4 大匙（40g）
蒜末 1 大匙（20g）
薑末 1/4 大匙（2.5g）
花椒魚露 5 大匙（50g）
梅子醬 2 大匙（20g）
芝麻 2 大匙（10g）

替代材料
花椒魚露 ▶ 鯷魚魚露、玉筋魚魚露
梅子醬 ▶ 梨子

萵苣的故事
萵苣主要分為綠萵苣與紫萵苣。萵苣汁液為乳白色，可以鎮靜神經，治療失眠。萵苣含有豐富的維生素與礦物質，可有效恢復疲勞。

1 萵苣洗淨後，鹽漬（水 1L，粗鹽 2 大匙）10 分鐘，清洗後瀝乾水分，切 3～4 公分的段狀。

2 珠蔥切 2～3 公分的段狀。

3 熬煮糯米糊，冷卻後與辣椒粉、蒜末、薑末、花椒魚露、梅子醬、芝麻攪拌均勻。

4 取一大碗，放入萵苣與珠蔥，與醬料輕柔攪拌後放入泡菜箱，冷藏保存。

可食用
15 日左右

洋槐花
水泡菜

一到 5 月，盛開的洋槐花，散發令人喜悅的濃郁香氣。洋槐花可涼拌、油炸。今年春天我嘗試製作水泡菜。洋槐花水泡菜的香氣，可持續 10 天左右，能享用清香爽口的高雅風味。

老古錐食品工房的秘方
洋槐花的香氣大約持續 10 日左右，保存期限不長。

醃製方法

10 人份

主材料
洋槐花
　　100g（5 根枝枒左右）
蘿蔔 500g
粗鹽 1 大匙（15g）
珠蔥 30g
紅辣椒 1 根

麵粉糊材料
水 1L（1000g）
麵粉 1 大匙（15g）

醬料材料
辣椒粉 1 大匙（10g）
蒜末 1 大匙（20g）
薑末 1/4 大匙（2.5g）
花椒魚露 3 大匙（30g）

替代材料
花椒魚露 ▶ 鯷魚魚露、玉
筋魚魚露

1 摘下洋槐花的花苞備用。

2 蘿蔔洗淨，切成長寬 2 公分，厚度 0.5 公分的薄片，加入粗鹽 1 大匙，鹽漬 30 分鐘。

3 熬煮麵粉糊冷卻後，辣椒粉過篩加入攪勻。

4 珠蔥切 2 公分的大小，紅辣椒切半後切細絲。

5 取一大碗，加入蘿蔔、珠蔥、紅辣椒、加入辣椒粉的麵粉糊與花椒魚露。蒜末與薑末放入棉布袋後置於大碗中。加入洋槐花後倒入泡菜箱，置於室溫熟成 12 小時後，冷藏保存。

洋槐花的故事
洋槐花可以製成煎餅或是釀酒，也可油炸成炸物食用。

可食用
20 日左右

菠菜
泡菜

熬過冬季的春季菠菜，香氣豐富，生吃帶清甜。菠菜大多製成涼拌菜或煮湯，但也能辣拌或醃製成泡菜。

老古錐食品工房的秘方
菠菜建議選用較粗厚者尤佳。

醃製方法

20 人份

主材料
菠菜 600g
韭菜 50g
紅蘿蔔 50g

鹽漬材料
水 1L（1000g）
粗鹽 2 大匙

糯米糊材料
海鮮高湯 1 杯（180g）
糯米粉 4 大匙（100g）

醬料材料
辣椒粉 7 大匙（70g）
蒜末 1 大匙（20g）
薑末 1/4 大匙（2.5g）
花椒魚露 3 大匙（30g）
梅子醬 2 大匙（20g）
芝麻 1 大匙（5g）

替代材料
花椒魚露 ▶ 鯷魚魚露、
玉筋魚魚露
梅子醬 ▶ 梨子

1 切除菠菜根部，洗淨後，切成方便入口的大小。

2 菠菜鹽漬（水 1L，粗鹽 2 大匙）20分鐘。

3 菠菜洗淨後，瀝乾水分。

4 熬煮糯米糊，放置冷卻後，依序加入辣椒粉、蒜末、薑末、花椒魚露、梅子醬、芝麻，調勻。

5 取一大碗，放入菠菜、韭菜切段狀，紅蘿蔔切絲放入碗中，倒入醬汁攪拌均勻，放入泡菜箱，置於室溫熟成 4 ～ 5 小時後，冷藏保存。

菠菜的故事

原產自西亞地區的菠菜，經由中國傳進韓國本島。富含維生素與礦物質，但若是經過氽燙，維生素 C 會減少 30% 左右。菠菜建議選用長度較短，莖部粗厚者為佳，帶有甜味。

可食用
15 日左右

馬蹄菜
泡菜

醃製後可如醬菜般食用 3～4 個月的泡菜。
馬蹄菜又稱「香蔬」，咀嚼時散發香氣。

老古錐食品工房的秘方
若是不喜愛生馬蹄菜的苦味，可稍微汆燙後醃製。

醃製方法

20 人份

主材料
馬蹄菜 500g
珠蔥 50g

鹽漬材料
水 1L（1000g）
粗鹽 1/2 杯（80g）

糯米糊材料
海鮮高湯 1 杯（180g）
糯米粉 3 大匙（75g）
芝麻粉 2 大匙（10g）

醬料材料
辣椒粉 7 大匙（70g）
蒜末 1 大匙（20g）
薑末 1/4 大匙（2.5g）
花椒魚露
　　10 大匙（100g）
蝦醬 1 大匙（20g）
梅子醬 2 大匙（20g）

替代材料
花椒魚露 ▶ 鯷魚魚露、
玉筋魚魚露
梅子醬 ▶ 梨子

1 馬蹄菜洗淨，鹽漬（水 1L、粗鹽 1/2 杯）50 分鐘。

2 清水洗淨，於竹篩瀝乾水分。

3 熬煮糯米糊，冷卻後加入辣椒粉、蒜末、薑末、花椒魚露、蝦醬、梅子醬，調和均勻。

4 珠蔥切 2～3 公分的段狀。

5 取一大碗，放入馬蹄菜，珠蔥與醬料拌勻，放入泡菜箱於室溫熟成 24 小時後，冷藏保存。

馬蹄菜的故事
馬蹄菜在韓國有「東風菜」，以及葉片較寬的「熊蔬」、較細長的「一枝黃花」等豐富種類。冬季的馬蹄菜，顏色翠綠，多產自鬱稜島。春季盛產的多為東風菜，香氣與味道為所有品種之最佳。

可食用
一個月左右

桑葉
泡菜

桑樹的根、果實、葉子、葉莖皆可食用。根莖可以加水熬煮飲用，桑樹的果實可在熟成前醃製醬菜，其果實熟成後為桑葚。

老古錐食品工房的秘方
桑葉水分較低，無需鹽漬即可醃製。

醃製方法

20 人份

主材料
桑葉（嫩葉）200g
蘿蔔 150g
蝦醬 1 大匙（20g）
大蔥 30g

糯米糊材料
海鮮高湯 1 杯（180g）
糯米粉 4 大匙（100g）

醬料材料
辣椒粉 4 大匙（40g）
蒜末 1 大匙（20g）
薑末 1/4 大匙（2.5g）
花椒魚露 7 大匙（70g）
梅子醬 1 大匙（100g）

替代材料
花椒魚露 ▶ 鯷魚魚露、玉
筋魚魚露
梅子醬 ▶ 有機砂糖

桑葉的故事
桑葉帶有甜味與苦味，性溫
無毒，可製成藥材。《東醫
寶鑑》記載「桑葉中最佳者
為雞桑，其葉片呈裂開之
形。夏秋復生之桑葉為佳，
霜降後摘採的桑葉味苦，可
入藥。」桑葉可抑制高血壓，
有效降低膽固醇，排出體內
的重金屬。

1 桑葉洗淨後，去除水分，用剪刀剪去蒂頭。

2 熬煮糯米糊，冷卻備用。

3 蘿蔔切絲和蝦醬醃製 20 分鐘。

4 大蔥切細。

5 取一大碗，蘿蔔、大蔥、辣椒粉、蒜末、薑末、花椒魚露、梅子醬與糯米糊調勻。每次取 2 ～ 3 張桑葉塗抹醬料，依序放入泡菜箱，於室溫熟成 24 小時後，冷藏保存。

可食用
一個月左右

243

防風草
泡菜

防風草因抵擋陣風，而得其名。具苦味與甜味，同時帶有淡雅香氣。葉片可醃製醬菜或製成煎餅、涼拌食用。根部可入藥或釀酒。防風草泡菜熟成後，其苦味與辛辣口感會消退，可食用一個月左右。可依個人口味，調節甜味醬料的用量。

老古錐食品工房的秘方
此食譜雖未加糊類，但若加入糯米糊可幫助發酵。

醃製方法

10 人份

主材料
防風草 250g
蘿蔔 200g
洋蔥 1/2 顆
珠蔥 100g

鹽漬材料
水 1 杯（150g）
粗鹽（天日鹽）2 大匙（30g）

醬料材料
辣椒粉 3 大匙（30g）
蒜末 1 大匙（20g）
薑末 1/4 大匙（2.5g）
花椒魚露 2 大匙（20g）
蝦醬 1 大匙（20g）
梅子醬 2 大匙（20g）

替代材料
花椒魚露 ▶ 鯷魚魚露、玉
筋魚魚露

1 防風草洗淨後，鹽漬（水 1 杯，粗鹽 2 大匙）30 分鐘。

2 蘿蔔與洋蔥，用磨泥板或攪拌機磨泥備用。

3 取珠蔥切 2～3 公分，方便入口的段狀。

4 辣椒粉、蒜末、薑末、花椒魚露、蝦醬、梅子醬調和均勻。

5 將防風草、珠蔥、蘿蔔泥、洋蔥泥和醬料攪拌均勻後放入泡菜箱，冷藏保存。

防風草的故事
分為栽種的防風草和野生的防風草。氣味雖然類似，但外型稍微不同。野生防風草葉莖為紅色，葉片較小，苦味重。栽種的防風草莖較粗，葉片較大。

可食用
一個月左右

妙蔘
泡菜

初春到市場，可以找到人蔘的殘根或是種苗的妙蔘。可做辣拌、涼拌、油炸、醬菜等豐富料理。不知為何，吃進人蔘料理彷彿整個人補充了滿滿的精氣神。

老古錐食品工房的秘方
蘋果的甜味可以降低妙蔘的苦味。

醃製方法

10 人份

主材料
妙蔘 200g
蘋果 1/4 顆
珠蔥 50g

鹽漬材料
水 2 大匙（100g）
粗鹽 1 大匙（15g）

糯米糊材料
水 1/2 杯（75g）
糯米粉 2 大匙（50g）

醬料材料
辣椒粉 2 大匙（20g）
蒜末 1 大匙（20g）
薑末 1/4 大匙（2.5g）
花椒魚露 2 大匙（20g）

替代材料
花椒魚露 ▶ 鯷魚魚露、玉
筋魚魚露

1 剝除妙蔘的頭部。

2 蘋果洗淨後，帶皮切絲。

3 將妙蔘與蘋果鹽漬（水 2 大匙，粗鹽 1 大匙）30 分鐘。

4 珠蔥切 2～3 公分的段狀。

5 糯米糊熬煮後冷卻，加入妙蔘、蘋果、珠蔥、辣椒粉、蒜末、薑末、花椒魚露。

6 所有材料攪拌均勻，放入泡菜箱後，冷藏保存。

妙蔘的故事
又稱尾蔘，是人蔘的殘根，
1～2 年生的人蔘為種苗。
顏色潔白，觸感結實，剩下
的妙蔘可用塑膠袋或保鮮膜
包裹後冷藏。

可食用
一個月左右

247

楤木芽
泡菜

據說「春收楤木芽為金，秋收楤木芽為銀」。楤木芽對人體有益，尤其是春收者尤佳。比起土地栽種的楤木芽，建議選用早春之際，自楤木長出的嫩芽，雖苦味重，但是經熟成後風味絕佳。

老古錐食品工房的秘方
建議選用厚實、柔嫩的楤木芽進行醃製。

醃製方法

20 人份

主材料
楤木芽 700g
梨子 1/2 顆
珠蔥 50g

鹽漬材料
水 1L（1000g）
粗鹽 1 杯（160g）

糯米糊材料
海鮮高湯 1 杯（180g）
糯米粉 4 大匙（100g）

醬料材料
辣椒粉 6 大匙（60g）
蒜末 1 大匙（20g）
薑末 1/4 大匙（2.5g）
花椒魚露 5 大匙（50g）
梅子醬 2 大匙（20g）

替代材料
花椒魚露 ▶ 鯷魚魚露、玉
筋魚魚露
梅子醬 ▶ 梨子

楤木芽的故事
幼芽無毒，富含豐富蛋白
質，可以提高免疫力，所含
的皂素還能降低血糖與血
脂。

1 將楤木芽鹽漬（水 1L，
粗鹽 1 杯）2 小時，洗
淨後切 3～4 公分的大
小，去除水分。

2 梨子磨泥榨汁，珠蔥切
2～3 公分的段狀。

3 熬煮糯米糊，冷卻後加
入辣椒粉、蒜末、薑末、
花椒魚露、梅子醬、梨
子汁，調和均勻。

4 取一大碗放入楤木芽、
珠蔥與醬料攪拌，倒入
泡菜箱於室溫熟成 24
小時後，冷藏保存。

可食用
一個月左右

蘿蔔
高麗菜捲
水泡菜

雖然做工繁複，但色澤亮麗，味道清甜爽脆，是連孩子也相當喜愛的口感。很適合夏季時用來招待貴賓。

孩童享用 OK！

老古錐食品工房的秘方
蘿蔔與高麗菜可以分開製作成水泡菜，此道泡菜可以隨即食用。

醃製方法

20 人份

主材料
高麗菜 500g
蘿蔔 500g
珠蔥 100g（20 根左右）
羽衣甘藍 10 片
黃椒 1 顆
紅椒 1 顆
梨子 1 顆

鹽漬材料
水 3 杯（450g）
粗鹽 1/2 杯（80g）

麵粉糊材料
水 1L（1000g）
麵粉 1 大匙（15g）

醬料材料
蒜末 1 大匙（20g）
薑末 1 大匙（10g）
花椒魚露 4 大匙（40g）
梅子醬 2 大匙（20g）

替代材料
花椒魚露 ▶ 鯷魚魚露、
玉筋魚魚露
梅子醬 ▶ 梨子

1 高麗菜切半，切成寬 3
公分，長 7 公分的片
狀，蘿蔔則是削成寬 3
公分，長 7 公分，厚 0.3
公分的薄片。珠蔥洗淨
備用。

2 高麗菜、蘿蔔、珠蔥鹽
漬（水 3 杯，粗鹽 1/2
杯）5 小時，洗淨後於
竹篩瀝乾水分。

3 將羽衣甘藍切去莖部，
只取葉片切絲，黃椒與
紅椒切絲，梨子去皮切
絲。

4 蘿蔔、高麗菜鋪平，整
齊排上羽衣甘藍、彩
椒、梨子，以珠蔥綁緊，
放入泡菜箱。麵粉糊熬
煮後冷卻，蒜末、薑末
放入棉布袋，滴入花椒
魚露與梅子醬，倒入泡
菜箱後冷藏保存。

高麗菜的故事
高麗菜備受矚目的成分是維生素 U，1950 年代法
國人自高麗菜萃取出防治胃潰瘍的成分，稱為維
生素 U。高麗菜擁有豐富的鈣，為鹼性食品，鈣
含量不亞於牛奶。高麗菜有外葉，建議選用富含
重量者，需注意存放時間，以免養分流失。

可食用
20 日左右

羽衣甘藍
高麗菜
水泡菜

將羽衣甘藍的籽播種於田地後，即便每天入菜或與鄰居分享後仍剩下許多。苦惱著該如何活用羽衣甘藍時，我想起了泡菜。羽衣甘藍主要榨汁飲用，或包菜食用，與高麗菜製作成水泡菜，高麗菜的甜味和羽衣甘藍特有的苦味，能調和出自然曼妙的平衡。

老古錐食品工房的秘方
也可嘗試放入高麗菜與綠紫蘇葉或高麗菜與紅紫蘇葉的組合。

醃製方法

20 人份

主材料
羽衣甘藍 150g
高麗菜 150g

鹽漬材料
水 1L（1000g）
粗鹽 1 杯（160g）

麵粉糊材料
水 1L（1000g）
麵粉 1 大匙（15g）

醬料材料
梨子汁 1/2 大匙（25g）
細辣椒粉 1 大匙（10g）
蒜末 1 大匙（20g）
薑末 1/4 大匙（2.5g）
花椒魚露 3 大匙（30g）
細鹽 1 大匙（15g）
紅辣椒 1 根

替代材料
花椒魚露 ▶ 鯷魚魚露、玉筋魚魚露

羽衣甘藍的故事
羽衣甘藍有捲綠甘藍、寬葉羽衣甘藍、花型羽衣甘藍。羽衣甘藍是高麗菜的祖先，富含胡蘿蔔素。胡蘿蔔素可透過黃綠色的蔬菜與水果攝取，具有抗氧化、美容皮膚等功效。

1 羽衣甘藍洗淨，剪刀剪去葉莖。

2 高麗菜切成與羽衣甘藍相似的形狀，堆疊成型。

3 羽衣甘藍和高麗菜以鹽水鹽漬（水1L，粗鹽 1 杯）2小時。

4 麵粉糊熬煮後冷卻備用。

5 鹽漬完的高麗菜和羽衣甘藍清洗後，放入碗中。

6 碗中放入梨子汁、辣椒粉、蒜末、薑末、花椒魚露、細鹽、麵粉糊，調和均勻。紅辣椒切半去籽，切絲後置於泡菜上，放入泡菜箱於室溫熟成24 小時後，冷藏保存。

可食用
一個月左右

覆盆子
水泡菜

色澤動人的覆盆子水泡菜，口味酸甜可口，是道適合男女老少食用的泡菜。覆盆子誘人的天然色調，使人胃口大開。但由於覆盆子易腐敗，為保存期限較短的泡菜。

老古錐食品工房的秘方
蘿蔔鹽漬後無需清洗，直接使用。

醃製方法

20 人份

主材料
蘿蔔 600g
細鹽 1 大匙（15g）
梨子 1/2 顆
珠蔥 30g
覆盆子 1 杯（150g 左右）

麵粉糊材料
水 1L（1000g）
麵粉 1 大匙（15g）

醬料材料
蒜末 1 大匙（20g）
薑末 1/4 大匙（2.5g）
花椒魚露 4 大匙（40g）

替代材料
花椒魚露 ▶ 鯷魚魚露、玉
筋魚魚露

_1_ 蘿蔔洗淨後，切
成長寬 2 公分，
厚度 0.5 公分的
薄片，與細鹽 1
匙攪拌後，鹽漬
30 分鐘，去除水
分。

_2_ 覆盆子於清水輕
柔洗淨。

_3_ 梨子磨泥榨汁，
珠蔥切 1 公分的
蔥花。

_4_ 熬煮麵粉糊後，
放冷卻，加入梨
子汁、花椒魚露
攪拌。蒜末與薑
末放入棉布袋。

_5_ 取一大碗，放進
蘿蔔、珠蔥、麵
粉糊、醬料，和
裝有蒜薑末的棉
布袋，再倒入覆
盆子，於泡菜箱
置於室溫熟成 12
小時後，冷藏保
存。

覆盆子的故事
覆盆子生長於山野間，稱為
男人的水果，可以補充元
氣，有助於預防泌尿科疾
病，富含維生素 C，有效減
緩眼睛疲勞，對於長時間使
用電腦與手機的現代人，是
相當有益的水果。

可食用
20 日左右

255

辣拌
山藥

山藥為一年四季皆盛產的食材，但由於充滿黏性，適用的料理方法較少，因此不常食用。中國相傳，孩子食用山藥有益智力發展。可以與肉類一同熬煮高湯。適合韓國的山藥料理為泡菜。醃製山藥泡菜，可在每次用餐時適量搭配食用。山藥無需熟成，可直接食用，幫助消化。

老古錐食品工房的秘方
直接觸摸山藥可能造成皮膚搔癢，可以配戴手套防止不適。

醃製方法

10 人份

主材料
山藥 600g
珠蔥 50g
紅蘿蔔 50g
梨子 1/2 顆

醬料材料
辣椒粉 2 大匙（20g）
蒜末 1 大匙（20g）
薑末 1/4 大匙（2.5g）
花椒魚露 2 大匙（20g）
蝦醬 1 大匙（20g）

替代材料
花椒魚露 ▶ 鯷魚魚露、玉
筋魚魚露

1 取山藥，用削皮
刀去皮。

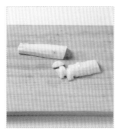

2 將去皮後的山藥
切半，切成 2～3
公分的小塊。

3 珠蔥切 1 公分的
大小，紅蘿蔔切
碎。

4 梨子用磨泥板，磨
泥榨汁。

5 辣椒粉、蒜末、薑
末、花椒魚露、蝦
醬調和均勻。

6 取一大碗，山藥、
珠蔥、紅蘿蔔、梨
子汁與醬料拌勻，
靜置 1 小時，冷藏
保存。

山藥的故事

山藥富含優質蛋白質、必需
胺基酸的根莖類蔬菜，最豐
富的成分是醣類，同時也是
含有各種消化酶、鈣與鉀的
鹼性食物。山藥的產地為慶
尚北道的安東，產量佔韓國
70%，安東地區種植山藥已
經超過百年的歷史，當時為
了製藥而大量種植山藥。

可食用
15 日左右

蘿蔔乾
泡菜

曾經貧窮度日的英國詩人抱怨:「每到4月,餐桌上淨是令人厭煩的蘿蔔!」但那是因為他不明白蘿蔔的美好。蘿蔔可以作成水泡菜、蘿蔔塊、嫩蘿蔔泡菜、涼拌、燉煮、醬菜、煮飯、熬湯、蘿蔔乾……韓國運用蘿蔔創造出豐富多變的料理。蘿蔔乾可替春季的餐桌帶來嶄新的面貌。秋季時曬乾蘿蔔,春季來臨時即可製成泡菜,幫助食慾。

老古錐食品工房的秘方
蘿蔔乾與醬料攪拌後,須靜置 12 小時,待入味後即可食用。

醃製方法

30 人份

主材料
蘿蔔乾 300g
辣椒葉 50g
魷魚乾（小型）2 隻

糯米粥材料
海鮮高湯 3 杯（540g）
糯米 50g

醬料材料
辣椒粉 10 大匙（100g）
蒜末 3 大匙（60g）
薑末 1/2 大匙（2.5g）
花椒魚露 1 杯（240g）
梅子醬 5 大匙（50g）
芝麻 3 大匙（15g）

替代材料
花椒魚露 ▶ 鯷魚魚露、
玉筋魚魚露
梅子醬 ▶ 有機砂糖

1 魷魚乾泡發 20 分鐘後，撕去外皮，切成接近蘿蔔乾的大小。

2 辣椒葉浸泡 20 分鐘，於竹篩瀝乾水分，摘除過硬的莖部。

3 蘿蔔乾泡發 20 分鐘，洗淨後於竹篩瀝乾水分。

4 熬煮糯米粥，冷卻備用。

5 取一大碗，放入魷魚、辣椒葉、蘿蔔乾、糯米粥、辣椒粉、蒜末、薑末、花椒魚露、梅子醬、芝麻，攪拌均勻。

6 所有材料放進泡菜箱，置於室溫熟成 12 小時後，冷藏保存。

老古錐食品工房的蘿蔔乾泡菜秘方

材料：蘿蔔乾 100g，乾辣椒葉 15g，麥芽糖 1 杯（160g），水 1 又 1/2 杯（225g），辣椒粉 50g，蒜末 2 大匙（40g），薑末 1 小匙（7g），食鹽 20g，花椒魚露 3 大匙（30g），黑芝麻 1 大匙（5g）。
作法：蘿蔔乾於流動的水中清洗 2～3 次後泡發。乾辣椒葉於溫水泡發後，擰乾水分。蘿蔔乾與乾辣椒葉放入醬料攪拌均勻。

* 老古錐食品工房用糯米與麥芽熬煮的麥芽糖，製作蘿蔔乾泡菜，可以拉長保存期限，麥芽糖水的濃度與辣椒醬的濃度相同。若想知道更多老古錐食品工房的辣椒醬作法，可參考官方網站（https://blog.naver.com/mjfood2005）。

可食用
一個月左右

明太魚腸
蘿蔔泡菜

明太魚腸醬是用明太魚的鹽漬後的腸子所製成的醬料。為江原道與慶尚道常食用的材料。當一般泡菜快食用完畢時，可加入鹹香的海鮮醬，就成為一道下飯的小菜。

老古錐食品工房的秘方
建議選用冬季貯藏的蘿蔔，口感結實具有甜味。

醃製方法

20 人份

主材料
明太子腸醬 200g
珠蔥 30g
蘿蔔 500g（1/3 顆）

醬料材料
辣椒粉 3 大匙（30g）
蒜末 2 大匙（40g）
薑末 1/2 大匙（5g）
梅子醬 2 大匙（20g）
芝麻 2 大匙（10g）

替代材料
梅子醬 ▶ 有機砂糖

1 明太子魚腸醬洗淨後，
用冷水浸泡 10 分鐘，
於竹篩瀝乾水分。

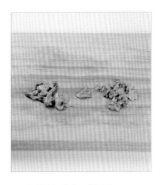

2 魚腸切細，備用。

明太子魚腸醬

韓國擅長活用海鮮的內臟醃
製成各式海鮮醬，據說技術
也傳至中國內陸。韓國民俗
學者姜仁姬於《韓國的味
道》一書寫道，明太魚自朝
鮮時代中葉，就是飯桌上的
常客，明太子魚腸醬是當時
流傳下來的料理。

3 將珠蔥切成 1 公分的細
狀，放入大碗中。再放
入魚腸醬、辣椒粉、蒜
末、薑末、梅子醬、芝
麻，攪拌均勻。

4 蘿蔔切成長寬 1.5 公分，
厚 0.5 的小塊，與醬料
拌勻。放入泡菜箱內於
室溫熟成 2～3 小時後，
冷藏保存。

可食用
20 日左右

鹽漬魷魚
蘿蔔泡菜

當泡菜所剩不多之際,用鹹香的鹽漬魷魚,與秋季挖掘後存放整個冬季的蘿蔔攪拌均勻,即相當美味。去除水分的蘿蔔充滿甘醇的甜味。

老古錐食品工房的秘方
用新鮮的魷魚所製成的鹽漬魷魚,可隨時與食材拌勻食用。

醃製方法

20 人份

主材料
鹽漬魷魚
　　200g（2 隻左右）
珠蔥 30g
蘿蔔 500g

醬料材料
辣椒粉 3 大匙（30g）
蒜末 2 大匙（40g）
薑末 1/2 大匙（5g）
梅子醬 2 大匙（20g）
芝麻 2 大匙（10g）

替代材料
梅子醬 ▶ 有機砂糖

1 拍除鹽漬魷魚多餘的鹽分，洗淨後於冷水，泡發 15 分鐘，於竹篩瀝乾水分。

2 剝除魷魚皮，切細絲。

3 蘿蔔切成長寬 1.5 公分，厚 0.5 公分的薄片，與魷魚攪拌 30 分鐘。

4 蘿蔔與魷魚放入碗中，加進辣椒粉、蒜末、薑末、梅子醬、芝麻攪拌，珠蔥切 1 公分的蔥花加入，攪拌均勻，倒入泡菜箱，於室溫熟成 2 ～ 3 小時後，冷藏保存。

鹽漬魷魚的故事
鹽漬魷魚用生魷魚鹽漬而成。可加入辣椒粉等醬料攪拌，作為小菜食用。也可製成泡菜的醬料。

可食用
20 日左右

春季於田園裡播種的萵苣、小黃瓜、茄子、蘿蔔葉等菜蔬，
在夏季的陽光下，吸飽水分，冒出嫩芽與果實。
夏季採收的蔬菜富含營養，
在酷暑間喪失胃口時，
可以醃漬蘿蔔葉泡菜，拌著辣椒醬入口。
揮灑汗水，口乾舌燥時，
可以食用五味子水泡菜或加梨子或梅子的水泡菜，滋潤喉間。

梅雨來襲，雨水氾濫，苦無菜蔬醃製泡菜時，
可用無須照顧即隨處可見的馬齒莧和洋蔥醃製水泡菜。
或是摘下鮮嫩的茄子，製成美味可口的泡菜。
將新鮮的當季菜蔬與食鹽拌勻，
再與精心調製的醬料混和後發酵的泡菜，蘊藏著先祖驚人的智慧。

入秋後，忙於播種入冬時欲使用的蘿蔔與白菜，每日充實無比。

清爽風味

夏季泡菜

鹽漬
白菜

2 袋（6～7kg）

主材料
白菜 2 顆

醬料材料
水 4L（4000g）
粗鹽 4 杯（640g）

鹽漬時間 *
夏季 8 小時
冬季 12 小時

1 將春季白菜切對半。

2 水 4L 加入粗鹽 4 杯，調勻。

3 劃開白菜根部。

4 白菜放入鹽水中，均勻沾取鹽水後鹽漬 8 小時。

5 白菜切 1/4，再鹽漬 4 小時。

6 將鹽漬完畢後的白菜，於清水洗淨 3～4 遍，瀝乾水分。

醃製
春季白菜

入冬時用冬季白菜醃製泡菜，春季時再用春收的白菜醃製，如此一來，一年四季皆能品嘗美味的泡菜。用春季白菜所醃製的泡菜，可與冬季購入的材料一起冷凍貯藏，然後作為醬料材料，如此一來，夏天也能享用美好滋味。

醃製方法

120 人份

主材料
鹽漬白菜 5kg（2 顆左右）
黃魚 200g
草蝦 300g
糯米粥 2 杯（200g）
乾刺松藻 20g
蘿蔔 400g
梨子（大型）1 個

醬料材料
辣椒粉 3 杯（300g）
蒜末 1 杯（200g）
薑末 3 大匙（30g）
花椒魚露 1 杯（240g）
蝦醬 1/2 杯（100g）

替代材料
黃魚、草蝦 ▶ 大蝦

1 取出秋天醃製泡菜時所煮好冷凍的黃魚泥和草蝦泥備用。

2 糯米粥備用。

3 刺松藻泡發後切細，若不切細口感不佳，也會影響觀感。

4 取辣椒粉、蒜末、薑末、花椒魚露、蝦醬備用。

5 蘿蔔榨汁。

6 梨子切絲。

7 取一大碗，刺松藻、蘿蔔汁、梨子絲、辣椒粉、蒜末、薑末、花椒魚露、蝦醬、糯米粥，攪拌均勻。

8 黃魚泥、蝦泥加進醬料調和。

9 將醬料塗抹鹽漬白菜，放泡菜箱於室溫熟成 3～4 日後冷藏保存。

可食用
15～100 日左右

辣拌
小白菜

小白菜主要用於涼拌、水泡菜、煮湯。柔軟的小白菜與蘿蔔葉製成泡菜，口感甚佳，可享受兩種風味。

老古錐食品工房的秘方
保存期限較短，建議醃製後隨即食用。

醃製方法

20 人份

主材料

蘿蔔葉 1 袋（1.1kg 左右）
小白菜 1 袋（1kg 左右）
粗鹽（天日鹽）1 杯（160g）
梨子 1/2 顆
洋蔥 1 顆
紅辣椒 10 根

醬料材料

蒜末 1 又 1/2 大匙（50g）
薑末 15 ～ 20g
花椒魚露 3 大匙（30g）
蝦醬 2 大匙（40g）
糯米粥 5 大匙（250g）

<u>1</u> 小白菜切除根部。　去除口感較韌的頭部。

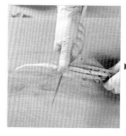 

<u>2</u> 蘿蔔葉切除根部。　切成 2 ～ 3 等分。

<u>3</u> 小白菜與蘿蔔葉洗淨一次後，撒上粗鹽鹽漬3小時。

_4_ 小白菜與蘿蔔葉
於清水清洗 3～4
次，於篩網瀝乾
水分 1 小時。

_5_ 梨子榨汁，洋蔥
切絲。

_6_ 紅辣椒用攪拌磨成
粗粉，保持口感。

_7_ 蒜末、薑末、花椒
魚露、蝦醬、糯米
粥備用。

_8_ 取一大碗，放入
梨子汁、洋蔥絲、
紅辣椒粉、蒜末、
薑末、花椒魚露、
蝦醬、糯米粥，
攪拌均勻。

_9_ 小白菜與蘿蔔葉
放入醬料攪拌，
倒入泡菜箱於室
溫熟成 1 天後，
冷藏保存。

蘿蔔葉與小白菜的故事
據說早春提早出貨的白菜，
和菜心飽滿前收割的白菜，
全都稱為小白菜。柔軟又爽
脆的蘿蔔葉與小白菜，一同
醃製泡菜，可盡情品嘗兩種
菜蔬的滋味。

可食用
45 日左右

醃小黃瓜

開啟夏季的泡菜就是醃小黃瓜。用夏季盛產的露地小黃瓜進行醃製，能品嘗清爽滋味。在小黃瓜的中段切四刀，放入蔥、薑、蒜、辣椒粉所拌勻的醬料。醃製後可以隨即食用，無須熟成，直接冷藏保存。

老古錐食品工房的秘方

鹽漬小黃瓜時，建議只切去頭尾，保留中段，於填入醬料前再切開，否則小黃瓜的甜味會喪失。
小黃瓜的色澤混濁或過熟呈黃綠色時，並不適用於醃製小黃瓜泡菜。

醃製方法

10 人份

主材料
小黃瓜（青黃瓜）5 根
韭菜 150g
蘿蔔 1/4 個

鹽漬材料
水 1 杯（150g）
粗鹽 2 大匙（30g）

醬料材料
辣椒粉 3 大匙（30g）
蒜末 1 大匙（20g）
薑末 1/4 大匙（2.5g）
花椒魚露 2 大匙（20g）
蝦醬 1 大匙（20g）
芝麻 1 大匙（5g）

替代材料
花椒魚露 ▶ 鯷魚魚露、玉
筋魚魚露

青黃瓜的故事
又稱刺黃瓜的青色小黃瓜，
如其名帶有青綠色的果皮。
可生食、涼拌、熱炒。主要
於南方低溫期時於溫室栽
種。小黃瓜種類繁多，有一
年四季皆可購入的大黃瓜、
刺黃瓜、清風黃瓜。

1 小黃瓜洗淨 3 ～
4 遍，切開。

2 切十字狀約 2/3
的深度。

3 韭菜與紅蘿蔔切
碎。

4 小黃瓜鹽漬（水
1 杯，粗 鹽 2 大
匙）1 小時，清水
洗淨後於篩網瀝
乾水分。

5 取一大碗，加入
韭菜、紅蘿蔔，
以及醬料的辣椒
粉、蒜末、薑末、
花椒魚露、蝦醬、
芝麻，攪拌均勻。

6 將醬料填入小黃
瓜，無需置於室
溫熟成，隨即冷
藏保存。

可食用
10 日左右

蘿蔔葉
泡菜

夏天特有風味之一的蘿蔔葉泡菜，雖一年四季皆能購入食材，並且醃製，但夏季採收的蘿蔔葉比起其他季節，富含水分，清爽可口。夏季醃製的蘿蔔葉泡菜，不使用麵粉糊或糯米糊，而是使用馬鈴薯和海鮮高湯熬煮的馬鈴薯糊。

老古錐食品工房的秘方

柔嫩爽口的蘿蔔葉，不經鹽漬，可以品嘗蘿蔔葉特有的香氣。由於蘿蔔葉軟嫩的特性，攪拌時注意力道與時間，否則將有澀味。若是沒有馬鈴薯糊，也可將米飯磨成泥，或改用糯米粥。海鮮高湯的作法為鯷魚 50g，香菇 50g，昆布 50g，水 3.5L，煮滾後使用過濾的高湯。

醃製方法

20 人份

主材料
蘿蔔葉 1 袋（1.1kg 左右）
珠蔥 100g
蘋果（中型）1/2 顆

鹽漬材料
水 1 杯（150g）
粗鹽 3 大匙（45g）

馬鈴薯糊材料
海鮮高湯 2 杯（360g）
馬鈴薯 1 顆

醬料材料
洋蔥（中型）1 顆
紅辣椒 2 根
辣椒粉 5 大匙（50g）
蒜末 2 大匙（40g）
薑末 1/2 大匙（5g）
花椒魚露 2 大匙（20g）
蝦醬 2 大匙（40g）

替代材料
花椒魚露 ▶ 鯷魚魚露、玉
筋魚魚露

1 將蘿蔔葉切 4～5 公分的段狀，清洗乾淨。

2 蘿蔔葉鹽漬（水 1 杯，粗鹽 3 大匙）20～30 分鐘。

3 鹽漬完畢，於竹篩瀝乾水分。

4 馬鈴薯去皮，切 4 等分，放入海鮮高湯熬煮，煮軟後搗成泥。

5 取珠蔥切 3～4 公分段狀，蘋果帶皮切絲，洋蔥切半後切絲，紅辣椒斜切。

6 大碗中，放入珠蔥、蘋果、洋蔥、紅辣椒。與馬鈴薯糊和辣椒粉、蒜末、薑末、花椒魚露、蝦醬，攪拌均勻。

7 加入蘿蔔葉拌勻，放入泡菜箱於室溫熟成 7～8 小時，冷藏保存。

蘿蔔葉的故事
春秋兩季盛產的蘿蔔葉，葉與莖部口感柔軟，適合醃製泡菜，最美味的季節是 6 月至 8 月。蘿蔔葉富含維生素 C 與必需的無機質，炙熱的夏天適合食用蘿蔔葉，藉以恢復體力。

冷藏保存時
可食用 15 日左右

彩椒蘿蔔葉泡菜

蘿蔔葉泡菜擁有豐富的變化，此道色相繽紛的泡菜，相當適合提供給不好辣味的人或孩子們食用。

孩童享用 OK！

老古錐食品工房的秘方
加入彩椒可降低蘿蔔葉特殊的香氣，很受孩子們的歡迎。

醃製方法

20 人份

主材料
蘿蔔葉 1 袋（1.1kg 左右）
粗鹽（天日鹽）3 大匙（45g）
彩椒 2 顆
洋蔥 1 顆
梨子 1 顆

醬料材料
蒜末 1 又 1/2 大匙（30g）
薑末 1 又 1/2 大匙（15g）
花椒魚露 1 大匙（10g）
鹽 2 大匙（30g）

麵粉糊材料
水 1L（1000g）
麵粉 1 大匙（15g）

替代材料
麵粉糊 ▶ 米飯、馬鈴薯、麥粉

<u>1</u> 蘿蔔葉洗淨去除根部。

<u>2</u> 撒上粗鹽鹽漬。

<u>3</u> 30 分鐘過後，上下翻面，鹽漬 1 小時。

<u>4</u> 取一鍋，加入水 1L 與麵粉 15g，用木頭飯杓攪拌，以中火熬煮，冷卻備用。

<u>5</u> 彩椒與洋蔥，切絲。

<u>6</u> 梨子磨泥，榨汁。

<u>7</u> 蒜末、薑末、花椒魚露、鹽備用。

<u>8</u> 取一大碗，倒入麵粉糊、梨子汁、蒜末、薑末、花椒魚露、鹽，攪拌後加入蘿蔔葉輕輕混和，再加入彩椒與洋蔥輕拌，倒入泡菜箱於室溫熟成 1 天後，冷藏保存。

可食用
一個月左右

小黃瓜
蘿蔔葉
水泡菜

帶有夏季清新香氣的露地摘種小黃瓜,與柔嫩辛辣的蘿蔔葉製成水泡菜,可以替食欲降低的盛夏,注入一股全新滋味,一下子就吃完一碗白飯。此道水泡菜可以襯托出新鮮小黃瓜的香甜,鮮美的湯汁是絕佳的精華。

老古錐食品工房的秘方

小黃瓜建議選用表面帶刺、具有光澤、粗細均勻、觸感結實、蒂頭新鮮者為佳。小黃瓜的蒂頭較苦,通常會切除食用,但蒂頭的營養成分較高。鹽漬蘿蔔葉時,無須經常翻動,否則將使蘿蔔葉破損,散發澀味。

醃製方法

40 人份

主材料

蘿蔔葉 1 袋（1.1kg 左右）
小黃瓜（青小黃瓜）5 根
珠蔥 100g

鹽漬材料

水 2 杯（300g）
粗鹽 5 大匙（75g）

麥糊材料

水 2L（2000g）
麥粉 3 大匙（50g）

醬料材料

紅辣椒 2 根
辣椒粉 3 大匙（30g）
蒜末 2 大匙（40g）
薑末 1/2 大匙（10g）
花椒魚露 10 大匙（100g）
食鹽 1 大匙（15g）

替代材料

花椒魚露 ▶ 鯷魚魚露、
玉筋魚魚露

小黃瓜與蘿蔔葉的故事

曾只是夏季料理的小黃瓜，如今
一年四季皆能食用。當季盛產的
小黃瓜與溫室受到照料的小黃瓜，
味道與營養素有些許不同。因此
使用當季採收、露地種植的小黃
瓜，變化出多種料理是
最好的選擇。蘿蔔葉分
為一般蘿蔔葉、一山蘿
蔔葉、嫩蘿蔔葉等品種，
剩下的蘿蔔葉可用報紙
包裹，冰入冷藏室保鮮。

1 熬煮麥糊冷卻備
用。

2 蘿蔔葉切成方便
入口的大小，小
黃瓜切去蒂頭，
切成 2～3 等分。

3 將蘿蔔葉與小黃
瓜鹽漬（水 2 杯、
粗鹽 5 大匙）30
分鐘。

4 鹽漬的過程裡上
下翻面，使材料
均勻鹽漬。

5 蘿蔔葉與小黃瓜
洗過，於篩網瀝
乾水分，將小黃
瓜劃十字刀痕。

6 珠蔥切 3～4 公
分的段狀，紅辣
椒斜切。

7 於麥糊加入辣椒
粉、蒜末、薑末、
花椒魚露、食鹽，
調和均勻。

8 加入蘿蔔葉、小
黃瓜、珠蔥、紅辣
椒，放入泡菜箱
於室溫熟成 5～6
小時後，冷藏保
存。

> 冷藏保存時
> 可食用 20 日左右

小黃瓜
白泡菜

小黃瓜分為朝鮮小黃瓜、青小黃瓜、刺小黃瓜、老黃瓜等等。使用青小黃瓜醃製更能帶出特有的香氣。也可加入梨子，使得口感香甜，爽脆可口。很受孩子的歡迎。

孩童享用 OK！

老古錐食品工房的秘方
不經熟成，直接食用更美味。

10 人份

主材料
青小黃瓜 5 根
粗鹽（天日鹽）
　2 大匙（30g）
韭菜 70g
紅蘿蔔 1/3 根
梨子（中型）1/2 顆

醬料材料
蒜末 1 大匙（20g）
薑末 1 大匙（10g）
花椒魚露 2 大匙（20g）
蝦醬 2 大匙（40g）
糯米粥 3 大匙（150g）

_1_ 取小黃瓜去頭去尾，切 3 公分的段狀，再切 0.5 公分的十字刀痕。

_2_ 撒上粗鹽，鹽漬 1 小時 30 分鐘至 2 小時。

_3_ 韭菜、紅蘿蔔、梨子切碎。

_4_ 蒜末、薑末、花椒魚露、蝦醬、糯米粥備用。

_5_ 取一大碗，韭菜、紅蘿蔔、梨子、蒜末、薑末、花椒魚露、蝦醬、糯米粥攪拌均勻。

_6_ 醬料填入小黃瓜內，放入泡菜箱後，隨即冷藏保存。

可食用
20 日左右

小黃瓜
不辣
水泡菜

爽脆口感的小黃瓜,加入孩子們喜歡的彩椒,使整道水泡菜兼具美觀與營養。

老古錐食品工房的秘方
熟成後美味加倍。

醃製方法

15 人份

主材料
水果小黃瓜 6 根
粗鹽（天日鹽）2 大匙（30g）
蘿蔔 100g
迷你彩椒 5 顆
粗鹽 1/2 大匙（7.5g）
梨子（大型）1/2 顆

馬鈴薯湯材料
水 3 杯（450g）
馬鈴薯（小型）1 顆

醬料材料
蒜末 20g
薑末 10g
食鹽 1 大匙（15g）

<u>1</u> 水果小黃瓜去除頭尾，切 2 公分的段狀，劃十字刀痕。

<u>2</u> 粗鹽 2 大匙，鹽漬 1 小時 30 分至 2 小時。

<u>3</u> 蘿蔔與迷你彩椒切絲。

<u>4</u> 再將蘿蔔與迷你彩椒撒上粗鹽 1/2 大匙，鹽漬 30 分鐘。

<u>5</u> 鍋中放入水 3 杯與馬鈴薯，煮熟後用攪拌機打成汁，加入蒜末與薑末攪拌均勻。

<u>6</u> 梨子榨汁。

<u>7</u> 將蘿蔔絲、彩椒絲和梨子汁攪拌均勻，填入水果小黃瓜。

<u>8</u> 馬鈴薯湯加入食鹽 1 大匙，調和後倒入泡菜中，移進泡菜箱後，隨即冷藏保存。

水果小黃瓜的故事
水果小黃瓜水分多，果皮薄，主要用於醃製醬菜，與青色小黃瓜的差異只在於外型不同，青色小黃瓜較細長，果皮為青綠色，水果小黃瓜較短，果皮一端為嫩綠，另一端為接近白色的淺綠。

可食用
15 日左右

283

蘿蔔葉
白菜水泡菜

在我所居住的大邱傳統市場，會將蘿蔔葉與白菜組合成束販賣，名字就稱為蘿蔔葉白菜。兩種蔬菜一同販賣，可以讓成員不多的家庭免去麻煩，無須分開購買白菜與蘿蔔葉。蘿蔔葉與白菜味道相襯，熟成後，滋味清爽，口感鮮脆。

老古錐食品工房的秘方
蘿蔔葉與小白菜的菜片柔嫩，記得輕輕水洗，以免散發澀味。紅辣椒的籽放進攪拌機磨碎，風味更佳。麵粉糊或糯米糊可以促進泡菜發酵，產生乳酸菌，可降低蘿蔔葉的澀味，使風味鮮美。

醃製方法

20 人份

主材料
蘿蔔葉、白菜一袋（1kg）
洋蔥 1 顆

鹽漬材料
水 1 杯（150g）
粗鹽 3 大匙（45g）

麵粉糊材料
水 1L（1000g）
麵粉 1 大匙（15g）

醬料材料
紅辣椒 7 ～ 8 根
蒜末 1 大匙（20g）
薑末 1/4 大匙（2.5g）
花椒魚露 7 大匙（70g）
梨子 1 顆

替代材料
花椒魚露 ▶ 鯷魚魚露、
玉筋魚魚露

 ▶

1 蘿蔔葉和白菜洗淨後切 3 ～ 4 公分，鹽漬（水 1 杯，粗鹽 3 大匙）30 分鐘，清洗後於篩網瀝乾水分。

2 洋蔥切絲備用。

3 紅辣椒放進攪拌機攪拌。

4 麵粉糊事先煮熟冷卻，再加入蘿蔔葉、白菜、洋蔥、磨細的紅辣椒、蒜末、薑末、花椒魚露，梨子磨泥後榨汁倒入，全數攪拌均勻，後倒入泡菜箱，於室溫放置 8 小時熟成，冷藏保存。

蘿蔔葉的故事

蘿蔔葉富含維他命 C 和必需無機質，在炙熱的夏天裡，食用蘿蔔葉的泡菜，據說可以恢復元氣。

冷藏保存時可食用 20 日左右

夏季
小白菜
泡菜

冬天種的菜蔬叫小白菜，晚秋或初冬種的白菜叫杭白菜，過冬後間作的叫冬白菜。杭白菜與冬白菜外型相似，菜心葉片縫隙大，為半結球型白菜。慶尚道稱為甜白菜。最近多為機械式栽培，不分季節皆可採收。

老古錐食品工房的秘方
夏季小白菜水分多，必非可長期食用的泡菜，建議適量醃製，確保新鮮。

醃製方法

20 人份

主材料
杭白菜 1 袋（1kg 左右）
韭菜 100g

鹽漬材料
水 2 杯（300g）
粗鹽 3 大匙（45g）

馬鈴薯糊材料
海鮮高湯 2 杯（360g）
馬鈴薯 1 顆（250g 左右）

醬料材料
辣椒粉 3 大匙（30g）
蒜末 1 大匙（20g）
薑末 1/4 大匙（2.5g）
花椒魚露 2 大匙（20g）
蝦醬 1 大匙（20g）
梅子醬 1 大匙（10g）
芝麻 2 大匙（10g）

替代材料
花椒魚露 ▶ 鯷魚魚露、花
椒鯷魚醬、玉筋魚魚露梅
子醬 ▶ 梨子

杭白菜的故事
杭白菜原產於中國北方地
區。在韓國分為冬季種的種
子與夏季種的種子。播種
3 ～ 4 週後可採收，生長速
度快。挑選時可注意根與葉
是否新鮮。

<u>1</u>　杭白菜切 4 ～ 5 公分，
　清洗後鹽漬（水 2 杯，
　粗鹽 3 大匙）30 分鐘。

<u>3</u>　韭菜切 4 ～ 5 等分。

<u>2</u>　馬鈴薯去皮切 4 等分，
　倒入海鮮高湯煮熟後搗
　成泥。

<u>4</u>　取一大碗，放入馬鈴薯
　糊、醬汁材料的辣椒
　粉、蒜末、薑末、花椒
　魚露、蝦醬、梅子醬、
　芝麻調勻，放入杭白菜
　輕拌，再加入韭菜小
　力混和，置於室溫 7 ～
　8 小時熟成後，冷藏保
　存。

冷藏保存時可
食用 15 日左右

高麗菜
泡菜

高麗菜為四季皆可方便購入的菜蔬。以前在夏季的白菜相當稀有,被稱為金白菜,因此用高麗菜替代,又稱為平民泡菜。醃製後可隨即食用,高麗菜爽脆的口感相當美味。高麗菜甜味高,因此不加入甜味材料也可以。

老古錐食品工房的秘方
高麗菜泡菜若是保存較久,較易變軟發酸,適量醃製為佳。

醃製方法

20 人份

主材料
高麗菜 1kg
韭菜 100g
洋蔥（中型）1 顆

鹽漬材料
水 1 杯（150g）
粗鹽 1/2 杯（80g）

糯米糊材料
海鮮高湯 1 杯（180g）
糯米粉 4 大匙（100g）

醬料材料
辣椒粉 3 大匙（30g）
蒜末 1 大匙（20g）
薑末 1/4 大匙（2.5g）
花椒魚露 3 大匙（30g）
蝦醬 1 大匙（20g）

替代材料
花椒魚露 ▶ 鯷魚魚露、玉
筋魚魚露

高麗菜的故事
原產於地中海與亞洲的高麗
菜，在韓國主要栽種於湖南
地區與濟州島。建議挑選新
鮮、根部不腐爛、富有重量、
菜心飽滿者尤佳。高麗菜有
莖比葉子更快腐爛的性質，
因此剩餘的高麗菜可切去莖
部，用沾濕的廚房紙巾包裹
根部，保持新鮮。另外在5℃
以下的環境保存，比起室溫
保存更能維持鮮度。

_1_ 將高麗菜摘除外葉後，
切 3～4 公分的大小。

_2_ 高麗菜鹽漬（水 1 杯、
粗鹽 1/2 杯）1 小時。

_3_ 取韭菜切 3～4 公分，
洋蔥切絲。

_4_ 糯米糊煮熟後冷卻。取
一大碗，放入糯米糊和
醬料材料的辣椒粉、蒜
末、薑末、花椒魚露、
蝦醬調勻，加入高麗
菜、韭菜、洋蔥攪拌，
置於泡菜箱內於室溫
8 小時熟成後，冷藏保
存。

冷藏保存時可
食用 20 日左右

紫高麗菜
水泡菜

用紫色高麗菜醃製的水泡菜，可不添加在一般泡菜材料必須的辣椒粉，為一道特色泡菜。紫色高麗菜的使湯汁呈現紫色光澤，可以品嚐不同的味道。不辣的調味，就連孩童也能開心享用。

孩童享用 OK！

老古錐食品工房的秘方
添加梨子泥雖味道鮮美，但加入適用於夏季解毒
與高效殺菌性的梅子醬也很不錯。

醃製方法

20 人份

主材料
高麗菜 500g
紫色高麗菜 500g
珠蔥 100g

麥糊材料
水 1L（1000g）
麥粉 2 大匙（100g）

醬料材料
蒜末 1 大匙（20g）
薑末 1/4 大匙（2.5g）
花椒魚露 5 大匙（50g）
梅子醬 3 大匙（30g）
粗鹽 1 大匙（15g）

替代材料
花椒魚露 ▶ 鯷魚魚露、玉
筋魚魚露
梅子醬 ▶ 梨子、蘋果、洋
蔥

高麗菜的故事
雖外型因品種有些許不同，
一般而言建議挑選外皮鮮
綠，蒂頭新鮮者。切半時葉
片緊密者，味道佳。剩餘的
高麗菜可用保鮮膜包起，置
於冰箱的蔬菜櫃。另外高麗
菜比起用刀切，建議用手撕
取。

1 高麗菜與紫色高麗菜切
  長寬 2～3 公分的大
  小，於清水中洗淨。

2 珠蔥切 3 公分。

3 麥糊煮滾後冷卻，取一
  大碗放入高麗菜與紫
  色高麗菜、麥糊和醬料
  的蒜末、薑末、花椒魚
  露、梅子醬、粗鹽，攪
  拌均勻。

4 高麗菜與紫色高麗菜加
  入珠蔥，攪拌後置於泡
  菜箱，在室溫熟成 8 小
  時後，冷藏保存。

冷藏保存時可
食用 20 日左右

291

夏季
辣蘿蔔塊

夏天基本上不會醃製辣蘿蔔塊食用，因為夏季的蘿蔔水分較多，比起其他季節的蘿蔔較無味，因高溫容易軟爛。但若嘴饞想吃辣蘿蔔塊，可添加洋蔥、梨子、馬鈴薯提味。

老古錐食品工房的秘方
用夏季蘿蔔製作辣蘿蔔塊，蘿蔔需鹽漬，取適量多次醃漬為佳。夏季蘿蔔水分多，味道漸淡，可鹽漬後加入梅子醬、蘋果、水果等材料，增添風味。

醃製方法

20 人份

主材料

蘿蔔 1 顆（1.2kg 左右）
馬鈴薯 2 顆
洋蔥 1 顆
梨子 1 顆
珠蔥 100g

鹽漬材料

水 1 杯（150g）
粗鹽 1/2 杯（80g）

醬料材料

辣椒粉 4 大匙（40g）
蒜末 1 大匙（20g）
薑末 1/4 大匙（2.5g）
蝦醬 2 大匙（40g）

1 蘿蔔洗淨後，切 2～3 公分的塊狀，鹽漬（水 1 杯、粗鹽 1/2 杯）1 小時。

2 鹽漬完後，清洗 1 次，於篩網瀝乾水分。

3 馬鈴薯去皮，切 4 等分，蒸熟後搗碎。

4 洋蔥磨泥與馬鈴薯攪拌，梨子磨泥取汁。

5 珠蔥切 1～2 公分。

夏季蘿蔔的故事

夏天於市場能見的蘿蔔，分為秋天貯藏後拿出販售的和跟寒冷地帶栽種的蘿蔔。夏天所出產的真正夏天蘿蔔，種植於旌善、平昌、洪川等，江原道和長壽、茂朱等地的高山，盛產於 7 月至 9 月。

6 取一大碗，放入洋蔥、馬鈴薯、梨子汁、珠蔥，醬料材料的辣椒粉、蒜末、薑末、蝦醬，調勻。

7 蘿蔔放入醬料中攪拌，放入泡菜箱，於室溫熟成 10 小時，冷藏保存。

冷藏保存時可食用 15 日左右

夏季
白菜泡菜

從冬天吃到初春的美味泡菜,到了春天新鮮度也隨之下降。因此比起老泡菜,讓人更想尋覓可以刺激味覺的新鮮泡菜。直到夏天也念念不忘白菜泡菜時,就用夏季白菜來醃製蘿蔔。

老古錐食品工房的秘方

夏季白菜不如秋冬的白菜生長期較長,因此與醃製用的白菜不同,即使加入相同的鹽巴鹽漬,鹽漬的時間也要縮短,因為天氣熱,鹽漬速度較快,而且比冬季白菜還要軟爛。冬季也是草蝦的季節,可以於冬季先冷凍,待夏季使用。若是沒有草蝦也可省略,但添加草蝦可使泡菜味道清爽,滋味鮮美。使用壓力鍋熬煮糯米粥可以更快煮熟。

醃製方法

四人家庭一個月的食用量

主材料
白菜 2 顆（6kg 左右）
蘿蔔 1/2 顆（600g 左右）
梨子（中型）1 顆
韭菜 100g

鹽漬材料
水 3L（3000g）
粗鹽 3 杯（480g）

糯米粥材料
海鮮高湯 3 杯（540g）
糯米 50g
馬鈴薯 3 顆（750g 左右）

醬料材料
草蝦 100g
海鮮高湯 1 杯（180g）
辣椒粉 3 杯（300g）
蒜末 4 大匙（80g）
薑末 1 大匙（10g）
花椒魚露 10 大匙（100g）
蝦醬 2 大匙（40g）

替代材料
花椒魚露 ▶ 鯷魚魚露、玉
筋魚魚露

夏季白菜的故事
白菜是寒帶的農作物，需在
陰涼的氣溫栽種，菜心才會
飽滿，帶有甘醇滋味。夏季
白菜主要生長於海拔 600 ～
1000 公尺的高冷地，
從夏天至醃製泡菜的
入冬前皆可採收，但
味道仍不及專門醃製
泡菜的白菜。

1 白菜去除外葉底部劃十字，切去中心的菜根，切至 1/3 左右的深度。

2 取一大盆，放入水 3L 與粗鹽 2 杯半左右，溶解後將白菜放進鹽水沾勻，將白菜立起，澆淋 3 ～ 4 次鹽水。取剩餘的粗鹽填入白菜心，底部向上鹽漬 2 小時。

3 鹽漬 2 小時後，對半撕開，每層葉片撒上粗鹽，於 2 小時後，翻面。

4 於鹽漬 6 ～ 7 小時後，清水洗淨，以篩網瀝乾。

5 清洗糯米，水中浸泡 3 ～ 4 小時後，和去皮馬鈴薯、海鮮高湯煮成糯米粥。草蝦與海鮮高湯 1 杯煮熟後放入攪拌機攪拌。

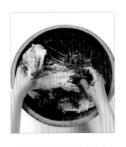

6 取蘿蔔與梨子切絲，韭菜切 4 ～ 5 公分。

7 於碗中依序放入蘿蔔、梨子、韭菜、糯米粥、草蝦海鮮高湯、辣椒粉、蒜末、薑末、花椒魚露、蝦醬拌勻。

8 醬料抹於白菜，室溫熟成 7 ～ 8 小時，冷藏保存。

冷藏保存時可
食用一個月左右

白泡菜

小時候媽媽醃製的白泡菜，未添加許多材料，光是加蒜頭和薑就很美味了。

孩童享用 OK！

老古錐食品工房的秘方

白泡菜的調味可以偏向清淡。夏季泡菜的湯汁建議自製，無須加入糊類也無妨。

醃製方法

60 人份

主材料
白菜 2 顆（5kg 左右）
蘿蔔 300g
梨子 1 顆

鹽漬材料
水 4L（4000g）
粗鹽（天日鹽）4 杯（640g）

麵粉糊材料
麵粉 1 大匙（15g）
水 3 杯（450g）

醬料材料
蒜末 1 杯（200g）
薑末 1 大匙（20g）
花椒魚露 1 杯（240g）
蝦醬 1/2 杯（100g）
梅子醬 1/2 杯（130g）

1 白菜切半。

2 水 4L 放入粗鹽 4 杯，調和均勻。

3 劃開白菜根部。

4 將白菜放入鹽水中，鹽漬 8 小時。

5 鹽漬好的白菜在水中清洗，於篩網瀝乾水分。

6 鍋中放入水 3 杯與麵粉 1 大匙，中火熬煮成糊。

7 取蘿蔔與梨子榨汁。

8 蒜末、薑末、花椒魚露、蝦醬、梅子醬備用。

9 碗內放入蘿蔔汁、梨子汁，和醬料材料拌勻，抹於白菜間，放入泡菜箱，冷藏保存。

可食用
15 ～ 90 日左右

夏季
白泡菜

夏季白泡菜是夏天可以涼爽食用的泡菜。加入梨子可使味道鮮美，若是沒有梨子，可加入青椒與梅子醬，增添鮮豔色澤。

孩童享用 OK！

老古錐食品工房的秘方
存放白泡菜時，可用鹽漬泡菜的外葉蓋於上頭並壓緊。未放辣椒粉，
調味較清淡的泡菜容易變質，取出後需再次將外葉蓋上壓緊。

醃製方法

四人家庭一個月的食用量

主材料

白菜 2 顆（1 顆 3kg 左右）

蘿蔔 500g 左右

紅辣椒 3 ～ 4 根

　（孩童食用可不加）

珠蔥 100g

梨子 2 顆

去殼栗子 200g

紅棗 10 顆（50g 左右）

鹽漬材料

水 3L（3000g）

粗鹽 3 杯（480g）

糯米粥材料

海鮮高湯 5 杯（900g）

糯米 100g

醬料材料

蒜末 4 大匙（80g）

薑末 1 大匙（10g）

蝦醬 1 杯（200g）

花椒魚露 5 大匙（50g）

替代材料

花椒魚露 ▶ 鯷魚魚露、玉
筋魚魚露

1 白菜處理後，鹽漬 8 小時（* 處理白菜與鹽漬法可參考 P.266 頁）

2 糯米洗淨，於水中浸泡 3 ～ 4 小時，取鍋子或壓力鍋，倒入海鮮高湯煮成糯米粥，冷卻備用。

3 蘿蔔切絲，紅辣椒切絲，珠蔥切 3 ～ 4 公分。

4 梨子、去殼栗子、紅棗切絲。

5 取一大碗，放入蘿蔔、紅辣椒、珠蔥、梨子、栗子、紅棗、糯米粥，以及醬料材料的蒜末、薑末、蝦醬、花椒魚露等材料攪拌均勻。

6 白菜間均勻抹上醬料，置於泡菜箱於室溫熟成 10 天後，冷藏保存。

夏季白菜的故事

種植於海拔 250 ～ 1000 公尺高冷地的夏季白菜，雖甘醇滋味不如醃製專用的白菜，但與梨子、栗子、紅棗一同醃製白泡菜，味道甚美。

> 冷藏保存時可食用 1 個月左右

辣拌
娃娃菜

夏季天氣炎熱，白菜心容易軟爛，建議選用
新鮮的白菜醃製泡菜。

老古錐食品工房的秘方
辣拌的料理方法可以馬上食用。

醃製方法

20 人份

主材料
娃娃菜 1kg
韭菜 150g

鹽漬材料
水 3 杯（450g）
粗鹽 1 杯（160g）

馬鈴薯糊材料
海鮮高湯 2 杯（360g）
馬鈴薯 2 顆

醬料材料
辣椒粉 3 大匙（30g）
蒜末 2 大匙（40g）
薑末 1/4 大匙（2.5g）
花椒魚露 3 大匙（30g）
蝦醬 1 大匙（20g）
梅子醬 2 大匙（20g）
芝麻 3 大匙（15g）

替代材料
花椒魚露 ▶ 鯷魚魚露、玉
筋魚魚露
梅子醬 ▶ 梨子

娃娃菜的故事
春天至夏天可在市場看見娃
娃菜。選用菜心稀鬆，葉片
比醃製用泡菜還柔軟、甜份
高、水分多的娃娃菜，製作
辣拌料理尤佳。

1 將娃娃菜水中清
洗一次後，用手
撕或刀切成方便
入口的大小。

2 娃娃菜鹽漬（水 3
杯，粗鹽 1 杯）
2 小時，清洗後於
篩網瀝乾。

3 馬鈴薯去皮，切 4
等分，與海鮮高
湯一同熬煮，冷
卻後搗碎。

4 韭菜清洗後，切
2～3 公分的段
狀。

5 馬鈴薯糊加入醬
料材料的辣椒
粉、蒜末、薑末、
花椒魚露、蝦醬、
梅子醬、芝麻，
調和均勻。加入
娃娃菜攪拌，然
後加入韭菜輕輕
拌勻，置於泡菜
箱，隨即冷藏保
存。

冷藏保存時可
食用 15 日左右

嫩蘿蔔
泡菜

嫩蘿蔔又稱小夥子蘿蔔、珠蘿蔔、蛋型蘿蔔等多種稱呼。根據季節味道有些許差異。秋天蘿蔔比夏天更結實、爽脆。嫩蘿蔔泡菜源自南方地區，入冬醃製泡菜前，用嫩蘿蔔醃製水泡菜，有時比白菜泡菜來得早食用。

老古錐食品工房的秘方
嫩蘿蔔鹽漬時要整顆鹽漬，確保蘿蔔的甜味不流失。

醃製方法

20 人份

主材料
嫩蘿蔔 1 袋（1.2kg 左右）
珠蔥 100g

鹽漬材料
水 1 杯（150g）
粗鹽 1/2 大匙（7.5g）

馬鈴薯糊材料
海鮮高湯 2 杯（360g）
馬鈴薯 1 顆

醬料材料
辣椒粉 6 大匙（60g）
蒜末 1 大匙（20g）
薑末 1/4 大匙（2.5g）
花椒魚露 3 大匙（30g）
蝦醬 2 大匙（40g）
梅子醬 3 大匙（30g）

替代材料
花椒魚露 ▶ 鯷魚魚露、玉
筋魚魚露
梅子醬 ▶ 梨子

嫩蘿蔔的故事
嫩蘿蔔又稱小夥子蘿蔔，小
夥子是「不挽髮髻，只留辮
髮的未婚成年男性」。因為
蘿蔔葉與小夥子的髮型相
似，因此稱為小夥子蘿蔔。

1 嫩蘿蔔拔除外葉，根部
與表皮細毛用刀去除，
清洗乾淨。切半後斜
切鹽漬（水 1 杯、粗鹽
1/2 大匙）1 小時。

2 珠蔥切 4～5 公分的段
狀，馬鈴薯與海鮮高湯
煮熟後搗碎。

3 取一大碗，放入馬鈴薯
糊，加入醬料材料的辣
椒粉、蒜末、薑末、花
椒魚露、蝦醬、梅子醬
攪拌。

4 嫩蘿蔔與珠蔥放入醬料
中拌勻，置於泡菜箱於
室溫熟成 10 天後，冷
藏保存。

> 冷藏保存時可
> 食用 15 日左右

303

大蔥
嫩蘿蔔
水泡菜

嫩蘿蔔水泡菜要加大蔥才有爽口的滋味。但來到初夏，珠蔥產量稀少，味道也不佳。這種時候加入可以提味的大蔥，方能享用清爽滋味與甜味。

老古錐食品工房的秘方

大蔥嫩蘿蔔水泡菜熟成後食用為佳。在冰箱放置一週左右就相當美味。若再添加 1/2 根紅辣椒的細絲，清洗後放入泡菜中，能點綴亮麗色澤。

醃製方法

20 人份

主材料
嫩蘿蔔 1 袋（1kg）
大蔥 200g
梨子（大型）1 顆
泡發的刺松藻 30g
鹽 3 大匙（45g）

鹽漬材料
水 2 杯（300g）
粗鹽（天日鹽）2 大匙（30g）

麵粉糊材料
麵粉 1 大匙（15g）
水 1L（1000g）

醬料材料
蒜末 1 又 1/2 大匙（30g）
薑末 1 又 1/2 大匙（15g）

* 放入蔥綠的話會出汁，使湯汁
發澀，味道不佳。

<u>1</u> 取嫩蘿蔔去除黃
葉，切除根部。

<u>2</u> 用削皮刀去皮。

<u>3</u> 水 2 杯與粗鹽調
匀，放進嫩蘿蔔
鹽漬 2 小時。

<u>4</u> 嫩蘿蔔洗淨，於
篩網上瀝乾。

<u>5</u> 將大蔥上方的蔥
綠切除，只使用
下方蔥白處。

<u>6</u> 梨子榨汁備用。

<u>7</u> 取一碗，倒入煮好
的麵粉糊 1L、梨
子汁、泡發的刺松
藻、鹽 3 大匙。以
及過濾袋裡加入
的蒜末和薑末。

<u>8</u> 大蔥和嫩蘿蔔加
入醬料中，倒入
泡菜箱置於室溫 1
天即可冷藏保存。

可食用
10 ～ 60 日左右

嫩蔥
泡菜

所有料理用的醬料中所使用的大蔥，富含纖維質，可以促進血液循環與提高免疫力。尤其是用大蔥醃製的泡菜，與肉類一同食用，可助消化、去除嘴巴油膩感。

老古錐食品工房的秘方
一般大蔥太粗，口感較韌，建議選柔軟鮮嫩的大蔥。

醃製方法

30 人份

主材料
嫩蔥 1kg

馬鈴薯糊材料
馬鈴薯（小型）1 顆
水 2 杯（300g）

醬料材料
辣椒粉 10 大匙（100g）
蒜末 2 大匙（40g）
花椒鯷魚醬
　　12 大匙（120g）
蝦醬 4 大匙（80g）
梅子醬 8 大匙（80g）

_1_ 嫩蔥處理後洗淨，
於篩網瀝乾水分。

_2_ 辣椒粉、梅子醬、
蒜末、花椒鯷魚
醬、蝦醬備用。

_3_ 鍋中放入馬鈴薯
與水 2 杯，煮熟
後放入攪拌機攪
拌。

_4_ 碗內放入馬鈴薯
糊、辣椒粉、蒜
末、花椒鯷魚醬、
蝦醬、梅子醬調
和均勻。

_5_ 醬料塗抹於蔥的
根部。

_6_ 等大蔥入味變軟
後，也將醬料塗
抹於蔥綠。置於
泡菜箱在室溫熟
成 3～4 天後，
冷藏保存。

大蔥的故事
大蔥挑選時以蔥白較多，有
彈性，散發光澤尤佳。莖部
筆直，不枯萎，蔥綠均勻，
呈綠色，殘根較少者為佳。

可食用
15～60 日左右

青江菜
水泡菜

青江菜與甜菜根雷同，是只要播種就能長得很茂盛的蔬菜。由於原產地是中國，能在經常熬製湯品的中國料理看到，將其醃製泡菜，更是另一番風味。青江菜水分多，還有特殊的口感，醃製成水泡菜可享用清爽的滋味。

老古錐食品工房的秘方

為了讓青江菜水泡菜的滋味爽口，湯汁清澈，因此使用麥糊。倘若沒有麥粉，也可用麵粉或煮顆馬鈴薯搗成糊，還能加入切絲的洋蔥也很美味。

醃製方法

20 人份

主材料
青江菜 1kg
珠蔥 100g

鹽漬材料
水 1 杯（150g）
粗鹽 3 大匙（45g）

麥糊材料
水 1L（1000g）
麥粉 2 大匙（100g）

醬料材料
紅辣椒 2 根
梨子（中型）1 顆
辣椒粉 3 大匙（30g）
花椒魚露 5 大匙（50g）
蒜末 2 大匙（40g）
薑末 1/2 大匙（5g）

替代材料
花椒魚露 ▶ 鯷魚魚露、玉
筋魚魚露
麥粉 ▶ 麵粉、煮熟馬鈴薯

_1_ 青江菜切除根部，
　鹽漬（水 1 杯，粗
　鹽 3 大匙）20 分
　鐘。

_2_ 青江菜清洗後，
　於篩網瀝乾。

_3_ 取珠蔥切 2～3 公
　分的段狀，紅辣椒
　切斜絲。

_4_ 熬煮麥糊冷卻備
　用。梨子磨泥榨
　汁，與麥糊調和均
　勻。加入青江菜、
　珠蔥、紅辣椒。辣
　椒粉過篩再放入。

_5_ 加入花椒魚露、
　蒜末、薑末拌勻，
　置於泡菜箱，隨
　即冷藏保存。

青江菜的故事

葉子與莖部透出青綠色，稱為青江
菜。葉與莖口感柔軟，沒有特殊的香
氣或味道，醃製泡菜也很美味。富含
有助於骨骼健康的鈣，以及豐富的維
生素 C，經常食用可以改善膚質。

冷藏保存時可
食用 1 個月左右

青江菜
泡菜

青江菜的味道與香氣不過重,醃製泡菜時,選擇辣拌也很美味。柔和單純的味道與爽脆的口感,讓人食指大動。

老古錐食品工房的祕方
青江菜泡菜,若用煮熟的馬鈴薯代替糊類,馬鈴薯的醇香與青江菜的口感非常融洽。

醃製方法

20 人份

主材料
青江菜 1kg
韭菜 100g

鹽漬材料
水 1 杯（150g）
粗鹽 3 大匙（45g）

馬鈴薯糊材料
馬鈴薯（中型）2 顆
海鮮高湯 2 杯（360g）
梅子醬 2 大匙（20g）

醬料材料
辣椒粉 3 大匙（30g）
蒜末 2 大匙（40g）
薑末 1/2 大匙（5g）
花椒魚露 2 大匙（20g）
蝦醬 1 大匙（20g）

替代材料
花椒魚露 ▶ 鯷魚魚露、玉
筋魚魚露
梅子醬 ▶ 梨子

青江菜的故事
青江菜意為葉子與莖部皆為
綠色之意。建議選用葉片新
鮮，莖部柔軟，呈綠色，散
發光澤者尤佳。

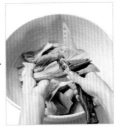

1 青江菜切除根部與多餘的葉片頂端。

2 青江菜鹽漬（水 1
杯，粗鹽 3 大匙）
30 分鐘。

3 清洗青江菜 2～3
次，於篩網過濾水
分。

4 馬鈴薯去皮，與海
鮮高湯煮熟後搗
碎，放入梅子醬拌
勻。

5 韭菜切 3～4 公
分的段狀。

6 取一大碗，倒入
馬鈴薯糊及醬料
材料的辣椒粉、蒜
末、薑末、花椒魚
露、蝦醬，拌勻。

7 青江菜和韭菜放
入醬料中拌勻，
置於泡菜箱後，
冷藏保存。

冷藏保存時可食
用 20 ～ 30 日左右

青江菜
白泡菜

青江菜主要熱炒或包沙拉食用，但醃製泡菜也是別有一番風味。青江菜既柔軟又爽脆，醃製後可以隨即食用。

孩童享用OK！

老古錐食品工房的秘方
青江菜洗淨後，無須鹽漬也可進行醃製。
此道泡菜可隨即食用，但熟成後更美味。

醃製方法

20 人份

主材料
青江菜 1kg
梨子 1 顆
黃、紅彩椒各 1 顆
洋蔥 1 顆
珠蔥 10 根
食鹽 1 大匙（15g）

鹽漬材料
水 1L（1000g）
粗鹽（天日鹽）1 杯（160g）

馬鈴薯湯材料
馬鈴薯 1 顆
水 4 杯（600g）

醬料材料
蒜末 2 又 1/2 大匙（50g）
薑末 1 又 1/2 大匙（15g）
花椒魚露 3 大匙（30g）
蝦醬 2 大匙（40g）
食鹽 1 大匙（15g）

青江菜的故事
原產於中國的青江菜，飯館經常使用因此有名。口感爽脆，醃製泡菜時就像吃沙拉一樣的獨特風味。

1 青江菜切半，切除葉子頂端與根部。

2 取水 1L 與粗鹽調勻，倒入青江菜，鹽漬 1 小時。

3 鍋子放入馬鈴薯與水 2 杯煮熟。

4 煮熟的馬鈴薯與水 2 杯放入攪拌機攪拌成湯。

5 梨子榨汁備用。

6 蒜末、薑末、花椒魚露、蝦醬備用。

7 黃椒、紅椒、洋蔥切 5 公分的段狀，珠蔥切適當的大小。

8 取一大碗，放入黃紅彩椒、洋蔥、珠蔥、梨子汁、馬鈴薯湯、蒜末、薑末、花椒魚露、蝦醬，調勻，放入青江菜，輕輕攪拌後倒進泡菜箱，冷藏保存。

可食用
5 ～ 30 日左右

鑲餡
青辣椒

鑲餡青辣椒使用的辣椒，需表皮柔軟才有脆口的滋味。晚夏的辣椒皮較韌，不適合鑲餡製作，因此是晚夏來臨前，殷勤醃製、大口品嘗才行的夏季泡菜。並且這道泡菜加入花椒鰻魚醬，帶來豐富的滋味。花椒鰻魚醬是鰻魚魚露熟成後，只會剩下鰻魚骨頭，把骨頭過濾後，剩餘的濃稠醬汁就是花椒鰻魚醬。花椒鰻魚醬用棉布過濾後能濾出清澈的醬汁，即是鰻魚魚露。也可用鰻魚魚露取代花椒鰻魚醬。

老古錐食品工房的秘方
若用蘿蔔代替餡料內的紅蘿蔔，可使味道更加清爽。

醃製方法

20 人份

主材料
青辣椒 500g
紅蘿蔔 1/4 顆
韭菜 150g

鹽漬材料
水 1 杯（150g）
粗鹽 1/4 杯（40g）

糯米糊材料
海鮮高湯 1 杯（180g）
糯米粉 3 大匙（30g）

醬料材料
辣椒粉 3 大匙（30g）
蒜末 1 大匙（20g）
薑末 1/4 大匙（2.5g）
花椒鯷魚醬 5 大匙（50g）
梅子醬 3 大匙（30g）
芝麻 2 大匙（10g）

替代材料
花椒鯷魚醬 ▶ 鯷魚魚露
梅子醬 ▶ 蘋果

1 青辣椒選用外皮柔軟、果肉飽滿者，劃刀後鹽漬（水1杯，粗鹽1/4杯）1小時。

2 紅蘿蔔切碎，韭菜切碎。

3 碗中倒入煮好冷卻的糯米糊、紅蘿蔔、韭菜以及醬料材料的辣椒粉、蒜末、薑末、花椒鯷魚醬、梅子醬、芝麻，混和均勻。

4 餡料填入青辣椒，放入泡菜箱後，隨即冷藏保存。

青辣椒的故事

從南美傳到歐洲後，遍布全世界的辣椒。祕魯從2000年開始栽種，韓國在400多年前壬辰倭亂時，自日本傳進，當時稱「倭芥子」。青辣椒是尚未完全成熟，仍透著綠色的辣椒。

可食用
1 個月左右

青辣椒
萵苣水泡菜

夏季的風味水泡菜可以選擇將青辣椒磨泥製作的水泡菜。泡菜湯汁呈現青綠色，令人食慾大開，又辣又香的氣味刺激口水。喜歡辣味者可以加入青陽辣椒泥。萵苣莖部剪斷時會有乳白色汁液，含有萵苣鴉片素，可以鎮定神經，緩解失眠，因此失眠時，光用萵苣的莖部醃製水泡菜也有效。

老古錐食品工房的秘方
紅辣椒與洋蔥切絲放入其中能增添美味，口感更佳。也可用紅辣椒取代青辣椒。

醃製方法

20 人份

主材料
萵苣 1kg
青辣椒 300g
紅辣椒 2 根
洋蔥 1 顆

麵粉糊材料
水 1L（1000g）
麵粉 1 大匙（15g）

醬料材料
蒜末 2 大匙（40g）
薑末 1/2 大匙（5g）
梅子醬 2 大匙（20g）
花椒魚露 3 大匙（30g）
細鹽 1 大匙（15g）

替代材料
梅子醬 ▶ 梨子
花椒魚露 ▶ 鯷魚魚露、玉筋魚魚露

_1_ 比起單片剝好的萵苣葉，可選用帶莖的萵苣，洗淨放入大碗備用。

_2_ 青辣椒摘去蒂頭，切 3 等分，帶籽磨泥，備用。

_3_ 紅辣椒斜切，洋蔥切絲。

_4_ 麵粉糊熬煮後，冷卻倒入大碗。醬料材料的蒜末、薑末、梅子醬、花椒魚露、細鹽放入後調勻，再加入萵苣、紅辣椒、洋蔥，最後倒入辣椒泥輕輕拌勻，置於泡菜箱冷藏保存。

青辣椒與萵苣的故事
青辣椒的觸感為柔軟時，則不辣，堅硬則辣。建議選用大小模樣相似，乾淨散發光澤者為佳。用萵苣醃製水泡菜，若選用太柔軟的生菜，葉片容易破損、軟爛，建議選用較厚實的萵苣。

冷藏保存時
可食用 1 個月左右

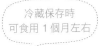

紫蘇葉
泡菜

紫蘇葉泡菜富含維他命與無機質，是道營養豐富的菜餚。最近的紫蘇葉，無關季節，隨時皆能購入，開心能看到餐桌上時常有紫蘇葉的蹤影。紫蘇葉泡菜與肉類料理是美味的良伴。

老古錐食品工房的秘方

塗抹紫蘇葉醬料時，愈往上層醬料要愈少。
因為存放時醬料會由上往下流，最底層的紫蘇葉會變鹹。

醃製方法

20 人份

主材料
紫蘇葉 100 張
紅蘿蔔 1/4 根

醬料材料
辣椒粉 3 大匙（30g）
蒜末 2 大匙（40g）
花椒魚露 3 大匙（30g）
海鮮高湯 5 大匙（250g）
芝麻 2 大匙（10g）

替代材料
花椒魚露 ▶ 鯷魚魚露、玉筋魚魚露

1 紫蘇葉於流動的清水洗淨，於篩網瀝乾水分 20 分鐘，用剪刀剪去蒂頭。

2 紅蘿蔔切絲。

紫蘇葉的故事

紫蘇葉是紫蘇籽葉和芝麻葉的統稱，市面上一年四季銷售的紫蘇葉是紫蘇籽葉，芝麻葉並沒有在食用。紫蘇葉富含可以恢復疲勞、美容皮膚的維他命 C，還含有孕婦所需的鐵、葉酸、鈣等營養成分。建議選用香氣濃郁，綠葉無蟲蛀，莖部不乾燥者。

3 取一大碗放入紅蘿蔔絲、辣椒粉、蒜末、花椒魚露、海鮮高湯、芝麻，調和均勻。

4 泡菜箱內放置 2～3 張紫蘇葉，在紫蘇葉上塗抹醬料，反覆作業，完成後放入冰箱冷藏。

冷藏保存時
可食用 1 個月左右

豆葉
水泡菜

這道水泡菜想必有許多人會感到生疏，但豆葉水泡菜在慶尚道經常醃製食用。尚未熟成時會有澀味，需熟成後食用。熟成後腥味會消失，化為柔和、爽口的滋味。替夏天增加食慾。

老古錐食品工房的秘方
沒有麥粉時，可用烹煮麥飯的水。大醬使用家裡的大醬即可，可依鹹度調整用量。存放泡菜時，若是空氣流進容易造成腐敗，需壓緊以免浮起，可用瓷碗倒扣壓住。

醃製方法

20 人份

主材料
豆葉 5 把（1 把 140g 左右）
紅辣椒 5 根
青陽辣椒 5 根
洋蔥 1 顆

麥糊材料
水 2L（2000g）
麥粉 3 大匙（150g）

醬料材料
大醬 3 大匙（150g）
蒜末 2 大匙（20g）
薑末 1 小匙（7g）
花椒魚露 3 大匙（30g）
細鹽 2 小匙（40g）

替代材料
花椒魚露 ▶ 鯷魚魚露、玉筋魚魚露

<u>1</u> 豆葉以流動的清水洗淨，於篩網瀝乾水分 20 分鐘，用剪刀剪去蒂頭。

<u>2</u> 麥糊煮滾，冷卻備用。在攪拌機裡放入大醬、洋蔥，與麥糊一同打勻。

<u>3</u> 紅辣椒與青陽辣椒斜切。

<u>4</u> 取一大碗，倒入麥糊、紅辣椒、青陽辣椒、醬料的蒜末、薑末、花椒魚露、細鹽，攪拌均勻。

<u>5</u> 在醬料湯汁裡浸泡豆葉，然後每次將 2～4 片葉子層層堆疊，最後用重物壓在豆葉上，於室溫熟成 1 天後，冷藏保存。

豆葉的故事
豆葉可在傳統市場購入，顏色濃烈，口感較韌，建議選用淡綠色的。

可食用
1 個月左右

蓮藕
水泡菜

蓮藕水泡菜醃製後可隨即食用，纖維質豐富，咀嚼口感清脆獨特，由於未添加辣椒粉，孩子與長輩也適合品嚐。

孩童享用 OK！

老古錐食品工房的秘方

醃製蓮藕水泡菜時，蓮藕需用滾水稍微汆燙，才能保持爽脆口感。此外，蓮藕不要用削皮的方式去皮，用刀身輕輕刮除後盡快放入冷水中沖洗，否則置於空氣中會變黑。熬煮麵粉糊時，可加入些許浸泡過甘草的水。

醃製方法

20 人份

主材料

蓮藕 2 根
紅色彩椒 1/2 顆
黃色彩椒 1/2 顆
綠色彩椒 1/2 顆
紅棗 5 顆
梨子 1 顆

麵粉糊材料

水 1L（1000g）
麵粉 1 大匙

醬料材料

五味子 1/2 杯（25g）
花椒魚露 5 大匙（50g）
細鹽 2 小匙（40g）
蒜末 1 大匙（20g）
薑末 1 小匙（7g）

替代材料

花椒魚露 ▶ 鯷魚魚露、玉筋魚魚露

蓮藕的故事

蓮藕分為九孔與七孔，九孔爽脆，口感佳，七孔口感較粗糙，建議使用九孔的蓮藕，九孔蓮藕體型圓潤、較短。七孔較細長。晚秋採收的當季蓮藕纖維質柔軟、口感清爽。

1 熬煮麵粉糊，冷卻備用。

2 蓮藕去皮，切薄片。

3 蓮藕在滾水中氽燙片刻，用冷水沖洗後，在篩網瀝乾。

4 彩椒切半，去籽後切 2～3 公分的小片，紅棗去籽後切絲。

5 梨子磨泥榨汁。

6 取一大碗，放入蓮藕、彩椒、紅棗、梨子汁。倒入麵粉糊、醬料材料的五味子、花椒魚露、細鹽攪拌均勻。再將蒜末、薑末放入棉布袋，袋口束緊。全部倒入泡菜箱後，隨即冷藏保存。

冷藏保存
可食用 15 日左右

地瓜葉梗
泡菜

地瓜葉梗的纖維質豐富，對於減重或預防便秘相當有效。地瓜葉梗泡菜是夏季泡菜中，滋味淡雅，清甜可口的泡菜。相較於其他夏季泡菜可以存放較久。

老古錐食品工房的秘方
用地瓜葉梗製作的水泡菜，口感軟嫩，相當美味。

醃製方法

20 人份

主材料
地瓜葉梗 1kg
紅蘿蔔 1/4 顆
珠蔥 50g

鹽漬材料
水 1 杯（150g）
粗鹽 1 杯（160g）

糯米糊材料
海鮮高湯 1 杯（180g）
糯米粉 4 大匙（100g）

醬料材料
辣椒粉 4 大匙（40g）
蒜末 2 大匙（40g）
薑末 1/4 大匙（2.5g）
花椒鰻魚醬 4 大匙（40g）
梅子醬 3 大匙（30g）

替代材料
花椒鰻魚醬 ▶ 鰻魚魚露、
玉筋魚魚露、蝦醬
梅子醬 ▶ 梨子

地瓜葉梗的故事
地瓜葉梗是在地瓜採收前，作為
涼拌野菜食用的，即使醃製成泡
菜也有與眾不同的味道。地瓜葉
梗建議選用梗部不軟爛、不乾枯、
厚實者。另外，梗部顏色柔和、
質感柔軟不韌者為佳。

1 地瓜葉梗拔除葉子。

2 由上往下撕除地瓜葉梗的外皮。

3 將地瓜葉梗鹽漬（水 1 杯，粗鹽 1 杯）30 分鐘，清水洗淨後於篩網瀝乾水分。

4 熬煮糯米糊，冷卻備用。

5 紅蘿蔔切絲，珠蔥切 4～5 公分。

6 取一大碗，放入地瓜葉梗、紅蘿蔔、珠蔥、糯米糊，以及醬料材料的辣椒粉、蒜末、薑末、花椒鰻魚醬、梅子醬後攪拌均勻。放入泡菜箱於室溫熟成 7～8 小時後，冷藏保存。

冷藏保存時
可食用 20 日左右

羽衣甘藍
泡菜

主要榨成蔬菜汁或包飯食用的羽衣甘藍，因
某年春天，在田裡撒下羽衣甘藍的種籽，長
得相當茂盛，包飯食用也剩餘許多，因此嘗
試用柔軟的葉片製作泡菜，滋味甚美。做法
與紫蘇葉泡菜相似，可以簡單上手。

老古錐食品工房的秘方
羽衣甘藍是病蟲害較嚴重的蔬菜，栽種過程會使用大量的農藥，
因此乾脆選擇被蟲咬過的羽衣甘藍更佳。

醃製方法

10 人份

主材料
羽衣甘藍 450g

糯米糊材料
海鮮高湯 1 又 1/2 杯（270g）
糯米粉 3 大匙（75g）

醬料材料
花椒魚露 2 大匙（20g）
辣椒粉 3 大匙（30g）
蒜末 1 大匙（20g）
蝦醬 1/2 大匙（10g）
芝麻 2 大匙（10g）
蘋果 1/2 顆

替代材料
花椒魚露 ▶ 鯷魚魚露、玉筋魚魚露

1 羽衣甘藍洗淨，於篩網瀝乾水分。

2 熬煮糯米糊，放置冷卻備用，倒入花椒魚露拌勻。

3 糯米糊放入辣椒粉、蒜末、蝦醬、芝麻。蘋果切絲後加入。

4 泡菜箱內放入羽衣甘藍 2～3 片，疊起後塗抹醬料，反覆作業後冷藏保存。

羽衣甘藍的故事

高麗菜的祖先，原產地在地中海。分為葉緣捲曲可包菜食用的包菜羽衣甘藍，和帶有白色、粉色的花型羽衣甘藍。羽衣甘藍泡菜用包菜的羽衣甘藍製作，口感柔嫩，新鮮的嫩葉帶有甜味。

冷藏保存時可食用 1 個月左右

垂盆草
水泡菜

一到春天，田邊或岩石縫隙間會盛產垂盆草，最近也有許多人工栽種的，但露天生長的還是較佳。垂盆草水泡菜可以加入彩椒，豐富色澤。

老古錐食品工房的秘方

垂盆草花開時，口感會變韌，因此在花開前品嘗較佳。
用彩椒醃製為兒童食用泡菜時，可切成方便入口的大小。

醃製方法

30 人份

主材料

垂盆草 500g
蘿蔔 300g
黃、紅、橘彩椒各 1 顆
洋蔥 1 顆
粗鹽（天日鹽）2 大匙（30g）
梨子（大型）1 顆

醬料材料

蒜末 2 大匙（40g）
薑末 1 大匙（10g）

麵粉糊材料

水 1L（1000g）
麵粉 1 大匙（15g）

_1_ 垂盆草處理後，清水洗淨，以篩網瀝乾水分。

_2_ 取蘿蔔、黃椒、紅椒、橘椒切成適當大小，洋蔥切絲。

_3_ 在②中添加粗鹽。

_4_ 鍋中放入水 1L 與麵粉拌勻，用木頭飯杓攪拌，以中火熬煮成麵粉糊。

_5_ 梨子榨汁。

_6_ 取一碗，放入所有準備的材料，攪拌均勻後放入泡菜箱，於室溫貯藏 1 天後，冷藏保存。只不過，泡菜的保存方式視當日氣溫有所變動。

垂盆草的故事

垂盆草富含鈣質與維生素，有助於成長期的孩子發育。自古以來，在有孩子的家中，若是有了傷口，可以搗碎垂盆草後塗抹治療。

可食用
5 ～ 45 日左右

綜合
水泡菜

不添加辣椒粉，是適合孩童或不好辣味的人
於夏天食用的泡菜。彩椒的色澤還可以促進
食慾。

孩童享用 OK！

老古錐食品工房的秘方
製作水泡菜時，可以將 1 顆馬鈴薯煮熟後，與生水
在攪拌機裡拌勻後使用。或加入麵粉糊也可。

醃製方法

20 人份

主材料
蘿蔔 1 顆（1kg）
迷你彩椒 4 顆
洋蔥 1 顆
珠蔥 100g
梨子（大型）1 顆
粗鹽（天日鹽）
　　3 大匙（45g）

大麥米湯材料
水 1.5L（1500g）
大麥米 30g

醬料材料
蒜 40g
薑 15g

_1_ 蘿蔔、迷你彩椒、洋蔥切小塊，珠蔥切 2 公分的段狀，撒上粗鹽，鹽漬 30 分鐘。

_2_ 大麥米洗淨後，放入鍋中和水 1.5L 煮滾冷卻，備用。

_3_ 在蔬菜裡倒入煮大麥米的湯，只倒入湯汁不倒入麥粒。

_4_ 梨子榨汁，蒜與薑用攪拌機磨泥備用。

_5_ 梨子汁、蒜、薑汁倒入蔬菜中攪拌，放入泡菜箱於室溫熟成 1 日後，冷藏保存。

可食用
5 ～ 45 日左右

甜菜根
水泡菜

有一年在庭院農田有塊空地，不做多想就播種了甜菜根，結果獲得豐收。好幾年來常用甜菜根的葉子，醃製水泡菜，今年住在山裡的獐子下山，把甜菜根的葉子，全都吃光了，只足夠醃一罐而已。

孩童享用 OK！

老古錐食品工房的秘方

通常只使用甜菜根的根部做為烹調材料來增添顏色，但其實葉子也會散發紅色。用甜菜根葉醃製水泡菜，即使不放辣椒粉，只要等 2 ～ 3 日就會渲染出鮮豔誘人的紅色色澤。未放辣椒因此不會刺激，孩子們也很適合食用。

醃製方法

20 人份

主材料
甜菜根 1kg
洋蔥 1 顆
珠蔥 50g

鹽漬材料
水 2L（2000g）
粗鹽 1 杯（160g）

麵粉糊材料
水 1L（1000g）
麵粉 1 大匙（15g）

醬料材料
蒜末 2 大匙（40g）
薑末 1/2 大匙（5g）
花椒魚露 3 大匙（30g）
梅子醬 3 大匙（30g）
細鹽 2 大匙（30g）

替代材料
花椒魚露 ▶ 鯷魚魚露、玉
筋魚魚露
梅子醬 ▶ 梨子

甜菜根的故事
甜菜根的原產地為歐洲南
部，根部為圓形，又稱「根
恭菜」。甜菜根即使在家中
盆栽可也栽種。葉子也可稍
微蒸過做為包飯蔬菜。

1 將甜菜根葉挑選
嫩葉使用，若是
葉子過大，可切
成 4〜5 公分的
大小。流動的水
洗淨後鹽漬（水
2L，粗鹽 1 杯）
30 分鐘後清水洗
淨。

2 熬煮麵粉糊，冷
卻備用。

3 洋蔥切絲，珠蔥
切 2〜3 公分的
大小。

4 取一大碗，倒入麵
粉糊、洋蔥、珠蔥、
蒜末、薑末、花椒
魚露、梅子醬、細
鹽，攪拌均勻。

5 甜菜根葉放入醬
料中，並輕輕抓
揉。放泡菜箱，置
於室溫 7〜8 小時
待熟成後，冷藏保
存。

冷藏保存時
可食用 1 個月左右

彩椒五味子
水泡菜

彩椒五味子水泡菜醃製後，可立即食用，因為不辣，不僅是孩童，也很適合無法吃辣的病人或外國人品嘗。討厭蔬菜的孩子也會因為色彩鮮豔而喜歡食用。若是想品嘗辛辣口感，可以加入青陽辣椒。

孩童享用 OK !

老古錐食品工房的秘方
彩椒五味子水泡菜醃製後隨即冷藏保存。
栗子切片或切絲皆能添加風味。

醃製方法

20 人份

主材料

紅棗 5 顆
紅椒 1 顆
黃椒 1 顆
綠椒 1 顆
梨子 1/2 顆

麵粉糊材料

水 1L（1000g）
麵粉 1 大匙（15g）

醬料材料

薑末 2 大匙（20g）
花椒魚露 5 大匙（50g）
細鹽 1 大匙（15g）
五味子醬 1 杯（50g）

替代材料

花椒魚露 ▶ 鹽
五味子醬 ▶ 浸泡五味子的
水＋梅子醬

彩椒的故事

彩椒原產於中美洲，與青椒相似，容易混淆。一般來說，青椒帶辣味，果肉較韌，彩椒甜度高，口感爽脆。韓國長年種植，主要以機械式栽種採收。紅色彩椒富含胡蘿蔔素，可增強免疫力。橘色彩椒富含維生素，可預防皮膚老化、護眼。綠色彩椒富含鈣與鐵，有效助於預防貧血，黃色彩椒則是有助於改善皮膚、預防感冒。彩椒建議選用表面無碰撞，散發光澤，蒂頭不枯萎者尤佳。

1 熬煮麵粉糊，冷卻備用。

2 紅棗用濕棉布或廚房紙巾擦拭乾淨，取籽。

3 紅棗切細，彩椒清洗後去籽，切長寬 2 公分的小塊，梨子去皮切薄片。

4 取一大碗，倒入麵粉糊、彩椒、紅棗、梨子、薑末、花椒魚露、細鹽、五味子醬。攪拌後倒入泡菜箱，隨即冷藏保存。

冷藏保存時可食用 10 日左右

馬齒莧
水泡菜

馬齒莧帶有五種顏色，又稱為「五行草」。我的農地不使用除草劑，因此即使不播種，每道犁溝也會茂盛長出馬齒莧。馬齒莧生吃酸甜可口，所以嘗試醃製成水泡菜。清脆的口感加上酸甜的味道，比起使用其他材料的水泡菜，最為鮮美。

老古錐食品工房的秘方

嘗試製作馬齒莧泡菜時，莖部的汁液過多，造成食用的不方便。因此蒸過涼拌食用，比起用水汆燙，稍微蒸過汁液才會較少，方便料理。

醃製方法

20 人份

主材料
馬齒莧 1kg
洋蔥 1 顆
珠蔥 50g
紅辣椒 3 根
梨子 1 顆

鹽漬材料
水 1L（1000g）
粗鹽 1/2 杯（80g）

麥糊材料
水 1L（1000g）
麥粉 2 大匙（100g）

醬料材料
辣椒粉 2 大匙（20g）
蒜末 2 大匙（40g）
薑末 1/2 大匙（5g）
花椒魚露 2 大匙（20g）
細鹽 2 大匙（30g）

替代材料
花椒魚露 ▶ 鯷魚魚露、玉
筋魚魚露
麥粉 ▶ 麵粉

_1_ 去除馬齒莧的莖部。

_2_ 取一大碗，放入水 1L 與粗鹽 1/2 調勻。

_3_ 鹽水裡放入馬齒莧，鹽漬 1 小時後洗淨，置於篩網瀝乾水分。

_4_ 熬煮麥糊，冷卻備用。

_5_ 洋蔥切絲，珠蔥切 3～4公分的段狀，紅辣椒斜切。

_6_ 取一大碗，倒入麥糊，辣椒粉過篩。

_7_ 麥糊倒入蒜末、薑末、花椒魚露、細鹽，攪拌均勻。

_8_ 馬齒莧、洋蔥、珠蔥、紅辣椒放入醬料。

_9_ 梨子磨泥，放入棉布袋取汁。倒進泡菜箱後於室溫熟成 10 小時，冷藏保存。

馬齒莧的故事
山間田野隨處可見的馬齒莧，直接食用味道不佳，就連兔子和豬都不食用，因此一直被視為雜草受冷落。雖然味道不好，但持續食用馬齒莧，可以長壽，也被稱為「長命菜」。最近被視作健康菜蔬備受關注。

> 冷藏保存時可食用 1 個月左右

337

茄子
泡菜

茄子泡菜是醃製後可隨即食用的泡菜。由於茄子水分較多，鹽漬後需去除水分，再進行醃製作業。無法久放，需適量醃製，盡快食用。

老古錐食品工房的秘方

茄子切半後，劃刀，參考鱗片泡菜的作法，在劃刀茄片間填入餡料醃製，顏色與味道皆為佳。

醃製方法

10 人份

主材料
茄子 5 顆
紅蘿蔔 1/4 根
韭菜 100g

鹽漬材料
水 1 杯（150g）
粗鹽 3 大匙（45g）

糯米糊材料
海鮮高湯 1 杯（180g）
糯米粉 3 大匙（75g）
紫蘇籽粉 2 大匙（20g）

醬料材料
辣椒粉 5 大匙（50g）
蒜末 1 大匙（20g）
薑末 1/4 大匙（2.5g）
花椒魚露 3 大匙（30g）

替代材料
花椒魚露 ▶ 鯷魚魚露、玉
筋魚魚露、蝦醬

1 茄子選用深紫色
者，切成 4～5 公
分的塊狀。

2 將茄子鹽漬（水 1
杯，粗鹽 3 大匙）
1 個小時，於水中
清洗兩次，於篩
網瀝乾水分。

3 熬煮糯米糊，冷卻
備用。

4 鹽漬好的茄子切
成 4 等分。

5 紅蘿蔔與韭菜切
細。

6 取一大碗，放入
茄子、紅蘿蔔、韭
菜。倒入糯米糊、
辣椒粉、蒜末、薑
末、花椒魚露拌
勻。放入泡菜箱，
冷藏保存。

茄子的故事
茄子以表面無碰種、紫色鮮
明尤佳。顏色混濁的茄子口
感較韌，不適合醃製泡菜。

冷藏保存時可
食用 10 日左右

茼蒿
泡菜

馬上可以拌勻品嘗的茼蒿泡菜，有淡雅清新的茼蒿香氣，可有效促進夏季的胃口，熟成後香氣變淡，建議盡快食用。

老古錐食品工房的秘方
茼蒿若是開始長出花梗，莖部會變硬，不適合醃製泡菜。

醃製方法

20 人份

主材料
茼蒿 800g
紅蘿蔔 1/2 根
珠蔥 100g

鹽漬材料
水 2 杯（300g）
粗鹽 1/2 杯（80g）

糯米糊材料
海鮮高湯 1 杯（180g）
糯米粉 4 大匙（100g）

醬料材料
辣椒粉 3 大匙（30g）
蒜末 1 大匙（20g）
薑末 1/4 大匙（2.5g）
芝麻 2 大匙（10g）
花椒魚露 5 大匙（50g）

替代材料
花椒魚露 ▶ 鯷魚魚露、玉
筋魚魚露

茼蒿的故事
據說原產於地中海的茼蒿，是朝鮮
時代經由中國傳至韓國。雖然一
直用作可溫暖胃部、強健腸道的蔬
菜，但因為具有特殊香氣，也有人
不食用。另外也有最好以新鮮的狀
態生吃的說法。

<u>1</u> 倒入海鮮高湯，
熬煮糯米糊。

<u>2</u> 茼蒿切去根部，
用手撕成 4 ～ 5
公分的段狀。

<u>3</u> 清洗茼蒿後，鹽
漬（水 2 杯，粗鹽
1/2 杯）20 分鐘，
於水中清洗兩次，
在篩網中瀝乾水
分。

<u>4</u> 紅蘿蔔切絲，珠
蔥切 2 ～ 3 公分
的段狀。

<u>5</u> 取一大碗，放入
糯米糊、紅蘿蔔、
珠蔥，再加入辣
椒粉、蒜末、薑
末、芝麻、花椒
魚露。

<u>6</u> 將茼蒿放入醬料
中，輕柔拌勻，
放入泡菜箱冷藏
保存。

冷藏保存時可
食用 15 日左右

捲心白菜
泡菜

當宴客或節慶活動時，此道泡菜相當適宜。相較於製作成較大的捲體，選用單片白菜製作，不僅食用方便，也無腥味。香甜脆口，如同食用沙拉。

老古錐食品工房的秘方
捲心白菜泡菜可隨即冷藏保存。

醃製方法

20 人份

主材料
白菜外葉 20 片
蘿蔔 1/4 顆
栗子 20 粒
紅棗 10 顆
梨子 1 顆
珠蔥 50g

鹽漬材料
水 1L（1000g）
粗鹽 5 大匙（75g）

醬料材料
細辣椒粉 1 大匙（10g）
蒜末 1 大匙（20g）
薑末 1/4 大匙（2.5g）
蝦醬 1 大匙（20g）
花椒魚露 1 大匙（10g）
松子 2 大匙（100g）

替代材料
花椒魚露 ▶ 鯷魚魚露、玉
筋魚魚露

1 準備一顆白菜，摘下約 20 片的外葉鹽漬（水 1L、粗鹽 5 大匙），翻面後鹽漬 4 小時。

2 白菜葉用清水洗淨，篩網瀝乾水分。

3 蘿蔔、栗子、紅棗、梨子切絲，珠蔥切0.7 公分的蔥花。

4 大碗中，放入蘿蔔、栗子、紅棗、梨子、珠蔥，放入醬料材料的細辣椒粉、蒜末、薑末、蝦醬、花椒魚露、松子拌勻。

5 白菜外葉放入適量的醬料，捲起後置於泡菜箱冷藏保存，食用前再切 2～3 公分的塊狀。

捲心白菜泡菜的故事
捲心白菜泡菜可放入章魚、鮑魚、貝類等豐富食材，以及栗子、紅棗、水果等材料，是將白菜葉朝四方打開包裹而成的菜餚。將白菜每片葉子包裹餡料並捲起，方便食用。

冷藏保存時可食用 10 日左右

飲食區 0016

韓國泡菜大師課

韓國職人傳授 70 年醃漬的美味靈魂和
140 道正宗純天然的四季泡菜食譜

作　　者：裴明子
譯　　者：莫莉
責任編輯：梁淑玲
封面設計：王氏研創藝術有限公司
內頁設計：王氏研創藝術有限公司

總 編 輯：林麗文
副 總 編：梁淑玲、黃佳燕
主　　編：高佩琳、賴秉薇、蕭歆儀
行銷總監：祝子慧
行銷企畫：林彥伶、朱妍靜

出　　版：幸福文化／遠足文化事業股份有限公司
地　　址：231 新北市新店區民權路 108-3 號 8 樓
網　　址：https://www.facebook.com/happinessbookrep/
電　　話：(02) 2218-1417
傳　　真：(02) 2218-8057

發　　行：遠足文化事業股份有限公司（讀書共和國出版集團）
地　　址：231 新北市新店區民權路 108-2 號 9 樓
電　　話：(02) 2218-1417
傳　　真：(02) 2218-1142
電　　郵：service@bookrep.com.tw
郵撥帳號：19504465
客服電話：0800-221-029
網　　址：www.bookrep.com.tw

法律顧問：華洋法律事務所　蘇文生律師
印　　刷：博創印藝文化事業有限公司
初版一刷：2023 年 7 月
定　　價：680 元

韓國泡菜大師課：韓國職人傳授 70 年醃漬的美味靈魂和 140 道正宗純天然的四季泡菜食譜 / 裴明子著；莫莉譯. -- 初版. -- 新北市：幸福文化出版社，遠足文化事業股份有限公司，2023.07
　面；　公分. -- (飲食區；16)
ISBN 978-626-7311-28-8(平裝)
1.CST: 食譜 2.CST: 食物酸漬 3.CST: 食物鹽漬

427.75　　　　　　　　　112008763

김치수업
(Kimchi Lesson)
Copyright © 2021by 배명자 (Kwon Lee)
All rights reserved.
Complex Chinese Copyright © 202X
by Happiness Cultural ,a Division of
WALKERS CULTURAL ENTERPRISE LTD.
Complex Chinese translation Copyright
is arranged withSANGSANG
through Eric Yang Agency

Printed in Taiwan　著作權所有侵犯必究
【特別聲明】有關本書中的言論內容，不代表本公司／出版集團之立場與意見，文責由作者自行承擔

讀者回函卡

感謝您購買本公司出版的書籍，您的建議就是幸福文化前進的原動力。請撥冗填寫此卡，我們將不定期提供您最新的出版訊息與優惠活動。您的支持與鼓勵，將使我們更加努力製作出更好的作品。

讀者資料

●姓名：＿＿＿＿＿　●性別：□男　□女　●出生年月日：民國＿＿年＿＿月＿＿日

● E-mail：＿＿＿＿＿＿＿＿＿＿＿＿＿＿＿＿＿＿＿＿＿＿＿＿＿＿＿＿＿

●地址：□□□□□＿＿＿＿＿＿＿＿＿＿＿＿＿＿＿＿＿＿＿＿＿＿＿＿＿＿

●電話：＿＿＿＿＿＿＿＿＿　手機：＿＿＿＿＿＿＿＿＿　傳真：＿＿＿＿＿＿＿＿＿

●職業：□學生　　　　□生產、製造　□金融、商業　□傳播、廣告

　　　　□軍人、公務　□教育、文化　□旅遊、運輸　□醫療、保健

　　　　□仲介、服務　□自由、家管　□其他

購書資料

1. 您如何購買本書？□一般書店（　　縣市　　　書店）
   □網路書店（　　　　書店）　□量販店　□郵購　□其他

2. 您從何處知道本書？□一般書店　□網路書店（　　　書店）　□量販店
   □報紙□廣播　□電視　□朋友推薦　□其他

3. 您購買本書的原因？□喜歡作者　□對內容感興趣　□工作需要　□其他

4. 您對本書的評價：（請填代號 1.非常滿意　2.滿意　3.尚可　4.待改進）
   □定價　□內容　□版面編排　□印刷　□整體評價

5. 您的閱讀習慣：□生活風格　□休閒旅遊　□健康醫療　□美容造型　□兩性
   □文史哲　□藝術　□百科　□圖鑑　□其他

6. 您是否願意加入幸福文化 Facebook：□是　□否

7. 您最喜歡作者在本書中的哪一個單元：＿＿＿＿＿＿＿＿＿＿＿＿＿＿＿＿＿＿

8. 您對本書或本公司的建議：＿＿＿＿＿＿＿＿＿＿＿＿＿＿＿＿＿＿＿＿＿

＿＿＿＿＿＿＿＿＿＿＿＿＿＿＿＿＿＿＿＿＿＿＿＿＿＿＿＿＿＿＿＿＿＿＿

＿＿＿＿＿＿＿＿＿＿＿＿＿＿＿＿＿＿＿＿＿＿＿＿＿＿＿＿＿＿＿＿＿＿＿

23141

新北市新店區民權路 108-3 號 8 樓

遠足文化事業股份有限公司　收

請沿虛線剪下，黏貼好後，直接投入郵筒寄回

韓國泡菜大師課

노고추 음식공방의 김치 수업

裴明子——著

莫莉——譯

幸福文化　書名 韓國泡菜大師課（飲食區 0016）